贵州习水鸟类

匡中帆　余元林　梁　盛 ◎ 主编

中国林业出版社
China Forestry Publishing House

内 容 简 介

本书作者自 2017 年开始对贵州习水国家级自然保护区的鸟类进行实地调查及监测，基于 6 年的工作基础，按《中国鸟类分类与分布名录（第四版）》（郑光美，2023）对保护区的鸟类进行编排整理，共记录鸟类 235 种，隶属于 17 目 57 科。本书受生物多样性调查评估项目（2019HJ2096001006）及习水国家级自然保护区鸟类调查及监测项目的资助，是对该保护区鸟类调查研究的系统总结，适合学生、观鸟爱好者、保护区管理人员及鸟类学研究领域的科研人员阅读和参考。

图书在版编目（CIP）数据

贵州习水鸟类 / 匡中帆等主编 . -- 北京：中国林业出版社，2023.11
ISBN 978-7-5219-2454-1

Ⅰ.①贵… Ⅱ.①余… Ⅲ.①鸟类—介绍—习水县 Ⅳ.①Q959.708

中国国家版本馆CIP数据核字（2023）第217216号

策划编辑：何 蕊
责任编辑：何 蕊 李 静
封面设计：北京五色空间文化传播有限公司

出版发行：中国林业出版社
　　　　　（100009，北京市西城区刘海胡同7号，电话 010-83143666）
电子邮箱：cfphzbs@163.com
网　　址：https://www.cfph.net
印　　刷：河北京平城乾印刷有限公司
版　　次：2023年11月第1版
印　　次：2023年11月第1次印刷
开　　本：787mm×1092mm　1/16
印　　张：19
字　　数：350千字
定　　价：150.00元

《贵州习水鸟类》
编委会

主编单位： 贵州省生物研究所
贵州习水国家级自然保护管理局

主　　编： 匡中帆　余元林　梁　盛

执行主编： 匡中帆　吴忠荣

副 主 编： 吴忠荣　戴正先　李　毅　袁　果
穆　璁　王　逍　张彬彬

编　　委： 穆　君　赵　晋　郭　亮　赵　航
母志霞　宋起亮　胡婷婷　张　慎
杨伶熠　李腾飞　李崇清　周　全
罗　康　熊　玲　田晓岚　王荣璐
施　越　熊迪妮　吴　淦　周　美
叶　科　蒋　梦　田　淼　袁利梅
邓玉炳　张海波　郭　轩　张卫民

序

  在我们身处的这个蓝色星球上,每一个生物都是独特生命的展示,每一片生态系统都是自然之美的展现。在这无数生灵中,鸟类以其独特的生存智慧和各异的生活习性,成了人们关注的焦点。贵州习水国家级自然保护区有丰富的鸟类资源,这些鸟儿正以其鲜活的生命力,为我们揭示大自然的秘密。

  本书是对保护区鸟类多样性的一次系统梳理。我们深入保护区,观察、记录、研究这里的鸟类,从它们的生活习性、繁殖习性等多个方面进行了仔细的观察。我们希望通过这本书,让更多的人了解这些美丽的生物,了解它们在大自然中的生存状态,了解它们面临的生存挑战。

  保护鸟类多样性,实质上就是保护我们人类自己。每一个物种都是地球生物链的一环,缺少了任何一环,都会影响生态系统的平衡。而当生态失衡到来,人类也必然无法独善其身。因此,保护鸟类多样性,不仅是对大自然的尊重,也是对人类自身的尊重。

  也是在本书写作过程中,我们才发现保护区的鸟类资源如此丰富,同时也感到保护区的工作任重道远。我们不仅看到了自然的伟大,也看到了生命的脆弱。我们理解了保护的

重要性,也理解了行动的必要性。我们希望通过本书唤起更多人对鸟类的关注,让更多的人参与到保护中。

最后,感谢所有为本书的写作提供帮助的人,是你们的付出和支持,让我们有机会将保护区丰富的鸟类资源呈现给大家。让我们一起行动起来,走进自然、观察自然,保护鸟类和它们的家园。

匡中帆

2023 年 11 月

前　言

在贵州习水国家级自然保护区内我们见证了生态多样性，其中，鸟类是这片土地最具代表性的生物之一。为了更好地保护这些珍贵的鸟类资源，我们编写了本书，希望能够为相关领域的研究者和管理者提供一些参考资料。

贵州习水国家级自然保护区成立于 1992 年 3 月，1994 年 8 月晋升为省级保护区，1997 年晋升为国家级自然保护区，2005 年 10 月加入了"中国人与生物圈网络"（CBRN）。1990 年，贵州大学的周政贤教授团队，组织专家团队对保护区开展了第 1 次综合科学考察，鸟类的相关调查由贵州省生物研究所负责。时隔 20 年，保护区于 2010 年再次开展综合科学考察，鸟类调查由贵州省生物研究所李筑眉研究员负责，并于 2011 年出版了《贵州习水中亚热带常绿阔叶林国家级自然保护区科学考察研究》一书，书中共记录鸟类 167 种，隶属于 16 目 35 科。笔者自 2016 年以来持续在该保护区内开展鸟类调查工作，为保护区新增鸟类记录 68 种。结合历史资料，截至 2023 年 12 月，保护区共记录鸟类 235 种，隶属于 17 目 57 科。

在本书中，我们系统地介绍了保护区的鸟类资源现状，并对鸟类的形态特征、生活习性、繁殖习性等方面进行了描述，通过对保护区鸟类资源的调查和分析，我们发现保护区的鸟类资源非常丰富，其中包括许多珍稀和濒危物种。

　　保护区的鸟类资源不仅具有生态价值，还具有文化价值和社会价值。鸟类是自然界的精灵，是生态系统中不可或缺的一部分。保护好鸟类资源，不仅有助于维护生态平衡，还有助于促进人类与自然的和谐共生。同时，保护区的建设和管理，推动了区域经济的发展和文化的传承与交流，为当地社区带来更多的发展机遇。

　　然而，随着人类活动的不断扩大和自然环境的不断变化，保护区的鸟类也面临着越来越大的威胁。为了更好地保护这些珍贵的资源，我们需要加强科学研究和管理力度，完善保护区的规划和建设，提高公众的环保意识和参与度。

　　在本书的撰写过程中，我们得到了许多专家学者和工作人员的支持与帮助。在此，对关心和支持过我们的人表达诚挚的谢意。同时，我们也希望通过本书的出版，为保护区的鸟类资源保护工作提供更多的依据和参考。

　　最后，衷心感谢各位读者在百忙之中阅读本书。希望通过我们的共同努力，让更多人加入保护鸟类多样性的事业中来，为我们共同的家园增添更多生机与活力。

作　者
2023 年 11 月

目 录

总 论

（一）贵州习水国家级自然保护区
　　　自然概况　　　　　　　　　002
（二）保护区鸟类研究历史　　　　002
（三）鸟类学术语　　　　　　　　012
（四）鸟体各部名称　　　　　　　013

一　鸡形目 GALLIFORMES

（一）雉　科 Phasianidae

1. 红腹角雉　　　　　　　　016
2. 白冠长尾雉　　　　　　　017
3. 红腹锦鸡　　　　　　　　018
4. 环颈雉　　　　　　　　　019
5. 白　鹇　　　　　　　　　020
6. 灰胸竹鸡　　　　　　　　021

二　雁形目 ANSERIFORMES

（二）鸭　科 Anatidae

7. 普通秋沙鸭　　　　　　　023
8. 鸳　鸯　　　　　　　　　024
9. 白眼潜鸭　　　　　　　　025
10. 斑背潜鸭　　　　　　　026
11. 赤膀鸭　　　　　　　　027
12. 赤颈鸭　　　　　　　　028
13. 绿头鸭　　　　　　　　029

三　䴙䴘目 PODICIPEDIFORMES

（三）䴙䴘科 Podicipedidae

14. 小䴙䴘　　　　　　　　031
15. 黑颈䴙䴘　　　　　　　032

四　鸽形目 COLUMBIFORMES

（四）鸠鸽科 Columbidae

16. 山斑鸠　　　　　　　　034
17. 火斑鸠　　　　　　　　035
18. 珠颈斑鸠　　　　　　　036
19. 楔尾绿鸠　　　　　　　037
20. 红翅绿鸠　　　　　　　038

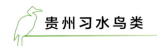
贵州习水鸟类

五　夜鹰目 CAPRIMULGIFORMES

（五）夜鹰科 Caprimulgidae
　　21. 普通夜鹰　　　　　040

（六）雨燕科 Apodidae
　　22. 白腰雨燕　　　　　041
　　23. 小白腰雨燕　　　　042

六　鹃形目 CUCULIFORMES

（七）杜鹃科 Cuculidae
　　24. 红翅凤头鹃　　　　044
　　25. 噪　鹃　　　　　　045
　　26. 翠金鹃　　　　　　046
　　27. 八声杜鹃　　　　　047
　　28. 乌　鹃　　　　　　048
　　29. 大鹰鹃　　　　　　049
　　30. 四声杜鹃　　　　　050
　　31. 大杜鹃　　　　　　051
　　32. 中杜鹃　　　　　　052
　　33. 小杜鹃　　　　　　053

七　鹤形目 GRUIFORMES

（八）秧鸡科 Rallidae
　　34. 红胸田鸡　　　　　055
　　35. 白胸苦恶鸟　　　　056
　　36. 黑水鸡　　　　　　057
　　37. 白骨顶　　　　　　058

八　鹈形目 PELECANIFORMES

（九）鹭　科 Ardeidae
　　38. 栗苇鳽　　　　　　060
　　39. 黑苇鳽　　　　　　061
　　40. 夜　鹭　　　　　　062
　　41. 绿　鹭　　　　　　063
　　42. 池　鹭　　　　　　064
　　43. 牛背鹭　　　　　　065
　　44. 苍　鹭　　　　　　066
　　45. 大白鹭　　　　　　067
　　46. 白　鹭　　　　　　068

九　鸻形目 CHARADRIIFORMES

（十）鸻　科 Charadriidae
　　47. 长嘴剑鸻　　　　　070
　　48. 金眶鸻　　　　　　071
　　49. 环颈鸻　　　　　　072

（十一）鹬　科 Scolopacidae
　　50. 矶　鹬　　　　　　073
　　51. 白腰草鹬　　　　　074

（十二）鸥　科 Laridae
　　52. 红嘴鸥　　　　　　075

目录

十 鸮形目 STRIGIFORMES

（十三）鸱鸮科 Strigidae

53. 领鸺鹠 077
54. 斑头鸺鹠 078
55. 领角鸮 079
56. 红角鸮 080
57. 灰林鸮 081

十一 鹰形目 ACCIPITRIFORMES

（十四）鹰科 Accipitridae

58. 凤头蜂鹰 083
59. 蛇雕 084
60. 鹰雕 085
61. 凤头鹰 086
62. 赤腹鹰 087
63. 日本松雀鹰 088
64. 雀鹰 089
65. 苍鹰 090
66. 白尾鹞 091
67. 黑鸢 092
68. 灰脸鵟鹰 093
69. 普通鵟 094

十二 咬鹃目 TROGONIFORMES

（十五）咬鹃科 Trogonidae

70. 红头咬鹃 096

十三 犀鸟目 BUCEROTIFORMES

（十六）戴胜科 Upupidae

71. 戴胜 098

十四 佛法僧目 CORACIIFORMES

（十七）佛法僧科 Coraciidae

72. 三宝鸟 100

（十八）翠鸟科 Alcedinidae

73. 普通翠鸟 101
74. 冠鱼狗 102
75. 蓝翡翠 103

十五 啄木鸟目 PICIFORMES

（十九）拟啄木鸟科 Megalaimidae

76. 大拟啄木鸟 105
77. 黑眉拟啄木鸟 106

（二十）啄木鸟科 Picidae

78. 蚁䴕 107
79. 斑姬啄木鸟 108
80. 黄嘴栗啄木鸟 109

81. 灰头绿啄木鸟　　110
82. 星头啄木鸟　　111
83. 棕腹啄木鸟　　112
84. 大斑啄木鸟　　113

十六　隼形目 FALCONIFORMES

（二十一）隼　科 Falconidae

85. 红　隼　　115
86. 燕　隼　　116
87. 游　隼　　117

十七　雀形目 PASSERIFORMES

（二十二）黄鹂科 Oriolidae

88. 黑枕黄鹂　　119

（二十三）莺雀科 Vireonidae

89. 红翅鵙鹛　　120
90. 淡绿鵙鹛　　121

（二十四）山椒鸟科 Campephagidae

91. 灰喉山椒鸟　　122
92. 短嘴山椒鸟　　123

93. 长尾山椒鸟　　124
94. 灰山椒鸟　　125
95. 小灰山椒鸟　　126
96. 粉红山椒鸟　　127
97. 暗灰鹃䴗　　128

（二十五）卷尾科 Dicruridae

98. 黑卷尾　　129
99. 灰卷尾　　130
100. 发冠卷尾　　131

（二十六）王鹟科 Monarchidae

101. 寿　带　　132

（二十七）伯劳科 Laniidae

102. 虎纹伯劳　　133
103. 红尾伯劳　　134
104. 棕背伯劳　　135
105. 灰背伯劳　　136

（二十八）鸦　科 Corvidae

106. 松　鸦　　137
107. 红嘴蓝鹊　　138
108. 灰树鹊　　139
109. 喜　鹊　　140
110. 小嘴乌鸦　　141
111. 白颈鸦　　142
112. 大嘴乌鸦　　143

（二十九）玉鹟科 Stenostiridae

113. 方尾鹟　　144

（三十）山雀科 Paridae

114. 黄腹山雀　　145
115. 大山雀　　146
116. 绿背山雀　　147

（三十一）百灵科 Alaudidae

117. 小云雀　　　　　　　148

（三十二）扇尾莺科 Cisticolidae

118. 棕扇尾莺　　　　　　149
119. 山鹪莺　　　　　　　150
120. 纯色山鹪莺　　　　　151

（三十三）苇莺科 Acrocephalidae

121. 钝翅苇莺　　　　　　152

（三十四）鳞胸鹪鹛科 Pnoepygidae

122. 小鳞胸鹪鹛　　　　　153

（三十五）蝗莺科 Locustellidae

123. 棕褐短翅蝗莺　　　　154

（三十六）燕　科 Hirundinidae

124. 崖沙燕　　　　　　　155
125. 淡色崖沙燕　　　　　156
126. 家　燕　　　　　　　157
127. 岩　燕　　　　　　　158
128. 烟腹毛脚燕　　　　　159
129. 金腰燕　　　　　　　160

（三十七）鹎　科 Pycnonotidae

130. 领雀嘴鹎　　　　　　161
131. 黄臀鹎　　　　　　　162
132. 白头鹎　　　　　　　163
133. 绿翅短脚鹎　　　　　164
134. 栗背短脚鹎　　　　　165

（三十八）柳莺科 Phylloscopidae

135. 黄眉柳莺　　　　　　166
136. 黄腰柳莺　　　　　　167
137. 棕眉柳莺　　　　　　168
138. 黄腹柳莺　　　　　　169
139. 褐柳莺　　　　　　　170
140. 棕腹柳莺　　　　　　171
141. 白眶鹟莺　　　　　　172
142. 灰冠鹟莺　　　　　　173
143. 极北柳莺　　　　　　174
144. 栗头鹟莺　　　　　　175
145. 黑眉柳莺　　　　　　176
146. 冠纹柳莺　　　　　　177

（三十九）树莺科 Cettiidae

147. 棕脸鹟莺　　　　　　178
148. 强脚树莺　　　　　　179
149. 栗头树莺　　　　　　180

（四十）长尾山雀科 Aegithalidae

150. 红头长尾山雀　　　　181

（四十一）莺鹛科 Sylviidae

151. 棕头鸦雀　　　　　　182
152. 灰喉鸦雀　　　　　　183
153. 灰头鸦雀　　　　　　184
154. 点胸鸦雀　　　　　　185

（四十二）绣眼鸟科 Zosteropidae

155. 白领凤鹛　　　　　　186
156. 栗颈凤鹛　　　　　　187
157. 黑颏凤鹛　　　　　　188
158. 红胁绣眼鸟　　　　　189
159. 暗绿绣眼鸟　　　　　190
160. 灰腹绣眼鸟　　　　　191

（四十三）林鹛科 Timaliidae

161. 斑胸钩嘴鹛　　　　192
162. 棕颈钩嘴鹛　　　　193
163. 红头穗鹛　　　　　194

（四十四）幽鹛科 Pellorneidae

164. 褐胁雀鹛　　　　　195
165. 褐顶雀鹛　　　　　196

（四十五）雀鹛科 Alcippeidae

166. 灰眶雀鹛　　　　　197

（四十六）噪鹛科 Leiothrichidae

167. 画　眉　　　　　　198
168. 褐胸噪鹛　　　　　199
169. 灰翅噪鹛　　　　　200
170. 白颊噪鹛　　　　　201
171. 黑脸噪鹛　　　　　202
172. 矛纹草鹛　　　　　203
173. 棕噪鹛　　　　　　204
174. 红尾噪鹛　　　　　205
175. 红尾希鹛　　　　　206
176. 蓝翅希鹛　　　　　207
177. 红嘴相思鸟　　　　208
178. 黑头奇鹛　　　　　209

（四十七）河乌科 Cinclidae

179. 褐河乌　　　　　　210

（四十八）椋鸟科 Sturnidae

180. 八　哥　　　　　　211
181. 丝光椋鸟　　　　　212
182. 灰椋鸟　　　　　　213

（四十九）鸫　科 Turdidae

183. 虎斑地鸫　　　　　214
184. 乌　鸫　　　　　　215
185. 斑　鸫　　　　　　216
186. 宝兴歌鸫　　　　　217

（五十）鹟　科 Muscicapidae

187. 鹊　鸲　　　　　　218
188. 乌　鹟　　　　　　219
189. 北灰鹟　　　　　　220
190. 白喉林鹟　　　　　221
191. 铜蓝鹟　　　　　　222
192. 红胁蓝尾鸲　　　　223
193. 小燕尾　　　　　　224
194. 灰背燕尾　　　　　225
195. 白额燕尾　　　　　226
196. 紫啸鸫　　　　　　227
197. 白眉姬鹟　　　　　228
198. 黄眉姬鹟　　　　　229
199. 红喉姬鹟　　　　　230
200. 赭红尾鸲　　　　　231
201. 北红尾鸲　　　　　232

202. 蓝额红尾鸲	233	（五十五）鹡鸰科 Motacillidae	
203. 红尾水鸲	234	216. 山鹡鸰	247
204. 白顶溪鸲	235	217. 树 鹨	248
205. 蓝矶鸫	236	218. 粉红胸鹨	249
206. 栗腹矶鸫	237	219. 黄腹鹨	250
207. 黑喉石䳭	238	220. 黄鹡鸰	251
208. 灰林䳭	239	221. 灰鹡鸰	252

（五十一）啄花鸟科 Dicaeidae

222. 黄头鹡鸰　253
223. 白鹡鸰　254

209. 纯色啄花鸟　240
210. 红胸啄花鸟　241

（五十六）燕雀科 Fringillidae

（五十二）花蜜鸟科 Nectariniidae

224. 燕 雀　255
225. 普通朱雀　256

211. 蓝喉太阳鸟　242
212. 叉尾太阳鸟　243

226. 金翅雀　257
227. 黄 雀　258

（五十三）梅花雀科 Estrildidae

213. 白腰文鸟　244

（五十七）鹀 科 Emberizidae

（五十四）雀 科 Passeridae

228. 凤头鹀　259
229. 三道眉草鹀　260

214. 山麻雀　245
215. 麻 雀　246

230. 西南灰眉岩鹀　261

231. 黄喉鹀	262	
232. 蓝　鹀	263	
233. 小　鹀	264	
234. 灰头鹀	265	
235. 白眉鹀	266	

鸟名生僻字 267

参考文献 268

索　引 270

总 论

（一）贵州习水国家级自然保护区自然概况

贵州习水国家级自然保护区（以下简称保护区）位于贵州省北隅习水县，地处习水县西部和北部的边缘深山区，是以中亚热带常绿阔叶林森林生态系统为主要保护对象的森林和野生动物类型自然保护区，为贵州省面积最大的国家级自然保护区。保护区成立于1992年3月，1994年8月晋升为省级保护区，1997年12月晋升为国家级自然保护区，2005年10月加入了"中国人与生物圈网络（CBRN）"。保护区所辖范围有大坡乡、三岔河乡、程寨乡、东皇镇、土城镇、同民镇共6个乡（镇），涉及26个行政村的103个村民组，总面积51911hm^2（778665亩）。保护区分为两大片区共6个管理站，分别是三岔河片区和蔺江片区，三岔河片区地理位置为东经106°00′~106°29′、北纬28°23′~28°34′，蔺江片区地理位置为东经105°50′~105°58′、北纬28°07′~28°18′，6个管理站分别是三岔河、大白塘、长嵌沟、长坝、小坝、蔺江管理站。

据2010年开展的综合科学考察结果显示，保护区有动植物共569科3863种（含种以下变种、亚种等），大型真菌有43科94属190种。其中，植物有2327种隶属312科929属，动物有1536种隶属257科969属（昆虫15目143科644属1015种，蜘蛛类动物27科88属167种，水生甲壳动物3科3属4种，鱼类4目11科40属60种，两栖动物2目8科17属31种，爬行动物2目8科24属34种，鸟类35科109属168种，哺乳动物有8目22科44属57种）。

保护区内的森林生态系统主要由常绿阔叶混交林组成，壳斗科、樟科、山茶科、蔷薇科、忍冬科和桑科的种类占优势，局部地段有少量的常绿落叶阔叶混交林和针阔混交林，保存完好，原生性强，资源十分丰富。

（二）保护区鸟类研究历史

保护区成立前期1990年由贵州大学周政贤教授组织调查，但由于种种原因未形成系统的研究成果出版。1989年贵州省生物研究所鸟类专家李筑眉等在赤水、习水常绿阔叶林区进行了标本采集；1999年李筑眉等就"贵州省雉类资源专项调查"对保护区的鸟类开展了调查；2005年李筑眉等在遵义地区进行鹭科鸟类调查时，对习水土城、同民一带进行了鸟类调查；2010年7月，由贵州省林业科学研究院组织开展了"贵州习水中亚热带常绿阔叶林国家级自然保护区综合科学考察"，李筑眉负责鸟类调查。同年，笔者参与了10月底的补充调查工作。2011年出版的《贵州习水中亚热带常绿阔叶林国家级自然保护区科学考察研究》一书，依据《中国鸟类区系纲要》和《中国鸟类种和亚种分类名录大全》中的分类系统，共记录鸟类168种，隶属16目35科。2016年至2018年，笔者连续3年对保护区开展了夏季繁殖鸟类调查。2019年，在实施生物多样性调查评估项目（2019HJ2096001006）中，笔者对保护区开展了4次调查。2021年至2022年，笔者进行了贵州习水国家级自然保护区鸟类资源专项调查。根据历史资料并结合历年的调查结果，依据《中国鸟类分类与分布名录（第四版）》（郑光美，2023）中的分类系统，保护区现记录鸟类235种，隶属17目57科（详见表1）。

从调查结果来看，习水国家级自然保护区有国家一级重点保护鸟类1种，国家二级重点保护鸟类36种；在《中国生物多样性红色名录：脊椎动物 第二卷 鸟类》（张雁云、郑光美，2021）中列入濒危（EN）野生动物有1种，易危（VU）野生动物有1种，近危（NT）野生动物有23种；列入"濒危野生动植物种国际贸易公约（CITES 2023）"附录Ⅰ有1种，附录Ⅱ有21种；中国特有鸟类8种。

表1 贵州习水国家级自然保护区鸟类调查总表

目、科、种	保护级别	CITES附录	红色名录	中国特有种	居留型	分布型	资料来源
一、鸡形目 GALLIFORMES							
1. 雉科 Phasianidae							
（1）红腹角雉 *Tragopan temminckii*	二级		NT		R	H	a
（2）白冠长尾雉 *Syrmaticus reevesii*	一级		EN	√	R	S	a
（3）红腹锦鸡 *Chrysolophus pictus*	二级		NT	√	R	S	abc
（4）环颈雉 *Phasianus colchicus*			LC		R	O	ac
（5）白鹇 *Lophura nycthemera*	二级		LC		R	W	ab
（6）灰胸竹鸡 *Bambusicola thoracicus*			LC	√	R	S	abc
二、雁形目 ANSERIFORMES							
2. 鸭科 Anatidae							
（7）普通秋沙鸭 *Mergus merganser*			LC		W	S	c
（8）鸳鸯 *Aix galericulata*	二级		NT		R	E	c
（9）白眼潜鸭 *Aythya nyroca*			NT		W	O	a
（10）斑背潜鸭 *Aythya marila*			LC		W	C	a
（11）赤膀鸭 *Mareca strepera*			LC		W	U	c
（12）赤颈鸭 *Mareca penelope*			LC		W	C	c
（13）绿头鸭 *Anas platyrhynchos*			LC		W	C	a
三、䴙䴘目 PODICIPEDIFORMES							
3. 䴙䴘科 Podicipedidae							
（14）小䴙䴘 *Tachybaptus ruficollis*			LC		R	W	ac
（15）黑颈䴙䴘 *Podiceps nigricollis*	二级		LC		W	C	a
四、鸽形目 COLUMBIFORMES							
4. 鸠鸽科 Columbidae							
（16）山斑鸠 *Streptopelia orientalis*			LC		R	E	abc
（17）火斑鸠 *Streptopelia tranquebarica*			LC		R	W	b
（18）珠颈斑鸠 *Spilopelia chinensis*			LC		R	W	abc
（19）楔尾绿鸠 *Treron sphenurus*	二级		NT		S	W	c
（20）红翅绿鸠 *Treron sieboldii*	二级		LC		R	W	bc

（续表）

目、科、种	保护级别	CITES附录	红色名录	中国特有种	居留型	分布型	资料来源
五、夜鹰目 CAPRIMULGIFORMES							
5. 夜鹰科 Caprimulgidae							
（21）普通夜鹰 *Caprimulgus indicus*			LC		S	W	a
6. 雨燕科 Apodidae							
（22）白腰雨燕 *Apus pacificus*			LC		S	M	abc
（23）小白腰雨燕 *Apus nipalensis*			LC		S	O	ab
六、鹃形目 CUCULIFORMES							
7. 杜鹃科 Cuculidae							
（24）红翅凤头鹃 *Clamator coromandus*			LC		S	W	b
（25）噪鹃 *Eudynamys scolopaceus*			LC		S	W	abc
（26）翠金鹃 *Chrysococcyx maculatus*			NT		S	W	b
（27）八声杜鹃 *Cacomantis merulinus*			LC		S	W	a
（28）乌鹃 *Surniculus lugubris*			LC		S	W	bc
（29）大鹰鹃 *Hierococcyx sparverioides*			LC		S	W	abc
（30）四声杜鹃 *Cuculus micropterus*			LC		S	W	b
（31）大杜鹃 *Cuculus canorus*			LC		S	O	abc
（32）中杜鹃 *Cuculus saturatus*			LC		S	M	bc
（33）小杜鹃 *Cuculus poliocephalus*			LC		S	W	bc
七、鹤形目 GRUIFORMES							
8. 秧鸡科 Rallidae							
（34）红胸田鸡 *Zapornia fusca*			NT		S	W	b
（35）白胸苦恶鸟 *Amaurornis phoenicurus*			LC		S	W	a
（36）黑水鸡 *Gallinula chloropus*			LC		R	O	a
（37）白骨顶 *Fulica atra*			LC		W	O	a
八、鹈形目 PELECANIFORMES							
9. 鹭科 Ardeidae							
（38）栗苇鳽 *Ixobrychus cinnamomeus*			LC		S	W	a
（39）黑苇鳽 *Ixobrychus flavicollis*			LC		S	W	a
（40）夜鹭 *Nycticorax nycticorax*			LC		S	O	ac
（41）绿鹭 *Butorides striata*			LC		S	O	c
（42）池鹭 *Ardeola bacchus*			LC		S	W	abc
（43）牛背鹭 *Bubulcus ibis*			LC		R	W	abc
（44）苍鹭 *Ardea cinerea*			LC		R	U	abc
（45）大白鹭 *Ardea alba*			LC		W	O	c
（46）白鹭 *Egretta garzetta*			LC		R	W	abc

（续表）

目、科、种	保护级别	CITES附录	红色名录	中国特有种	居留型	分布型	资料来源
九、鸻形目 CHARADRIIFORMES							
10. 鸻科 Charadriidae							
（47）长嘴剑鸻 *Charadrius placidus*			NT		W	C	c
（48）金眶鸻 *Charadrius dubius*			LC		S	O	a
（49）环颈鸻 *Charadrius alexandrinus*			LC		P	O	a
11. 鹬科 Scolopacidae							
（50）矶鹬 *Actitis hypoleucos*			LC		W	C	ac
（51）白腰草鹬 *Tringa ochropus*			LC		W	U	a
12. 鸥科 Laridae							
（52）红嘴鸥 *Chroicocephalus ridibundus*			LC		W	U	c
十、鸮形目 STRIGIFORMES							
13. 鸱鸮科 Strigidae							
（53）领鸺鹠 *Glaucidium brodiei*	二级	附录Ⅱ	LC		R	W	b
（54）斑头鸺鹠 *Glaucidium cuculoides*	二级	附录Ⅱ	LC		R	W	abc
（55）领角鸮 *Otus lettia*	二级	附录Ⅱ	LC		R	W	a
（56）红角鸮 *Otus sunia*	二级	附录Ⅱ	LC		R	O	a
（57）灰林鸮 *Strix aluco*	二级	附录Ⅱ	NT		R	O	a
十一、鹰形目 ACCIPITRIFORMES							
14. 鹰科 Accipitridae							
（58）凤头蜂鹰 *Pernis ptilorhynchus*	二级	附录Ⅱ	NT		P	W	abc
（59）蛇雕 *Spilornis cheela*	二级	附录Ⅱ	NT		R	W	bc
（60）鹰雕 *Nisaetus nipalensis*	二级	附录Ⅱ	NT		S	W	c
（61）凤头鹰 *Accipiter trivirgatus*	二级	附录Ⅱ	NT		R	W	bc
（62）赤腹鹰 *Accipiter soloensis*	二级	附录Ⅱ	LC		S	W	bc
（63）日本松雀鹰 *Accipiter gularis*	二级	附录Ⅱ	LC		W	W	c
（64）雀鹰 *Accipiter nisus*	二级	附录Ⅱ	LC		W	U	c
（65）苍鹰 *Accipiter gentilis*	二级	附录Ⅱ	NT		W	C	a
（66）白尾鹞 *Circus cyaneus*	二级	附录Ⅱ	NT		W	M	a
（67）黑鸢 *Milvus migrans*	二级	附录Ⅱ	LC		R	U	a
（68）灰脸𫛢鹰 *Butastur indicus*	二级	附录Ⅱ	NT		W	M	c
（69）普通𫛢 *Buteo japonicus*	二级	附录Ⅱ	LC		W	U	a
十二、咬鹃目 TROGONIFORMES							
15. 咬鹃科 Trogonidae							
（70）红头咬鹃 *Harpactes erythrocephalus*	二级		NT		R	W	bc
十三、犀鸟目 BUCEROTIFORMES							
16. 戴胜科 Upupidae							

（续表）

目、科、种	保护级别	CITES附录	红色名录	中国特有种	居留型	分布型	资料来源
（71）戴胜 *Upupa epops*			LC		R	O	a
十四、佛法僧目 CORACIIFORMES							
17. 佛法僧科 Coraciidae							
（72）三宝鸟 *Eurystomus orientalis*			LC		S	W	b
18. 翠鸟科 Alcedinidae							
（73）普通翠鸟 *Alcedo atthis*			LC		R	O	abc
（74）冠鱼狗 *Megaceryle lugubris*			LC		R	O	ac
（75）蓝翡翠 *Halcyon pileata*			LC		S	W	bc
十五、啄木鸟目 PICIFORMES							
19. 拟啄木鸟科 Megalaimidae							
（76）大拟啄木鸟 *Psilopogon virens*			LC		R	W	abc
（77）黑眉拟啄木鸟 *Psilopogon oorti*			LC		R	W	ab
20. 啄木鸟科 Picidae							
（78）蚁䴕 *Jynx torquilla*			LC		W	U	ac
（79）斑姬啄木鸟 *Picumnus innominatus*			LC		R	W	abc
（80）黄嘴栗啄木鸟 *Blythipicus pyrrhotis*			LC		R	W	b
（81）灰头绿啄木鸟 *Picus canus*			LC		R	U	abc
（82）星头啄木鸟 *Picoidae canicapillus*			LC		R	W	abc
（83）棕腹啄木鸟 *Dendrocopos hyperythrus*			LC		W	H	c
（84）大斑啄木鸟 *Dendrocopos major*			LC		R	U	a
十六、隼形目 FALCONIFORMES							
21. 隼科 Falconidae							
（85）红隼 *Falco tinnunculus*	二级	附录Ⅱ	LC		R	O	ac
（86）燕隼 *Falco subbuteo*	二级	附录Ⅱ	LC		S	U	b
（87）游隼 *Falco peregrinus*	二级	附录Ⅰ	NT		R	C	b
十七、雀形目 PASSERIFORMES							
22. 黄鹂科 Oriolidae							
（88）黑枕黄鹂 *Oriolus chinensis*			LC		S	W	ab
23. 莺雀科 Vireonidae							
（89）红翅鸥鹛 *Pteruthius flaviscapis*			LC		R	W	b
（90）淡绿鸥鹛 *Pteruthius xanthochlorus*			NT		R	H	b
24. 山椒鸟科 Campephagidae							
（91）灰喉山椒鸟 *Pericrocotus solaris*			LC		S	W	bc
（92）短嘴山椒鸟 *Pericrocotus brevirostris*			LC		S	H	b
（93）长尾山椒鸟 *Pericrocotus ethologus*			LC		R	H	ac
（94）灰山椒鸟 *Pericrocotus divaricatus*			LC		P	M	b

（续表）

目、科、种	保护级别	CITES附录	红色名录	中国特有种	居留型	分布型	资料来源
（95）小灰山椒鸟 *Pericrocotus cantonensis*			LC		S	W	ab
（96）粉红山椒鸟 *Pericrocotus roseus*			LC		S	W	a
（97）暗灰鹃鵙 *Lalage melaschistos*			LC		S	W	a
25. 卷尾科 Dicruridae							
（98）黑卷尾 *Dicrurus macrocercus*			LC		S	W	abc
（99）灰卷尾 *Dicrurus leucophaeus*			LC		S	W	b
（100）发冠卷尾 *Dicrurus hottentottus*			LC		S	W	abc
26. 王鹟科 Monarchidae							
（101）寿带 *Terpsiphone incei*			LC		S	W	abc
27. 伯劳科 Laniidae							
（102）虎纹伯劳 *Lanius tigrinus*			LC		S	X	ab
（103）红尾伯劳 *Lanius cristatus*			LC		S	X	abc
（104）棕背伯劳 *Lanius schach*			LC		R	W	abc
（105）灰背伯劳 *Lanius tephronotus*			LC		S	H	ac
28. 鸦科 Corvidae							
（106）松鸦 *Garrulus glandarius*			LC		R	U	abc
（107）红嘴蓝鹊 *Urocissa erythrorhyncha*			LC		R	W	abc
（108）灰树鹊 *Dendrocitta formosae*			LC		R	W	abc
（109）喜鹊 *Pica serica*			LC		R	C	abc
（110）小嘴乌鸦 *Corvus corone*			LC		P	C	ac
（111）白颈鸦 *Corvus pectoralis*			NT		R	S	abc
（112）大嘴乌鸦 *Corvus macrorhynchos*			LC		R	E	abc
29. 玉鹟科 Stenostiridae							
（113）方尾鹟 *Culicicapa ceylonensis*			LC		S	W	abc
30. 山雀科 Paridae							
（114）黄腹山雀 *Pardaliparus venustulus*			LC	√	R	S	abc
（115）大山雀 *Parus minor*			LC		R	O	abc
（116）绿背山雀 *Parus monticolus*			LC		R	W	abc
31. 百灵科 Alaudidae							
（117）小云雀 *Alauda gulgula*			LC		S	W	c
32. 扇尾莺科 Cisticolidae							
（118）棕扇尾莺 *Cisticola juncidis*			LC		R	O	a
（119）山鹪莺 *Prinia striata*			LC		R	W	ab
（120）纯色山鹪莺 *Prinia inornata*			LC		R	W	abc
33. 苇莺科 Acrocephalidae							
（121）钝翅苇莺 *Acrocephalus concinens*			LC		S	M	c

（续表）

目、科、种	保护级别	CITES附录	红色名录	中国特有种	居留型	分布型	资料来源
34. 鳞胸鹪鹛科 Pnoepygidae							
（122）小鳞胸鹪鹛 *Pnoepyga pusilla*			LC		R	W	abc
35. 蝗莺科 Locustellidae							
（123）棕褐短翅蝗莺 *Locustella luteoventris*			LC		S	S	a
36. 燕科 Hirundinidae							
（124）崖沙燕 *Riparia riparia*			LC		S	C	a
（125）淡色崖沙燕 *Riparia diluta*			LC		R	C	c
（126）家燕 *Hirundo rustica*			LC		S	C	abc
（127）岩燕 *Ptyonoprogne rupestris*			LC		P	O	c
（128）烟腹毛脚燕 *Delichon dasypus*			LC		S	U	abc
（129）金腰燕 *Cecropis daurica*			LC		S	U	abc
37. 鹎科 Pycnonotidae							
（130）领雀嘴鹎 *Spizixos semitorques*			LC		R	W	abc
（131）黄臀鹎 *Pycnonotus xanthorrhous*			LC		R	W	abc
（132）白头鹎 *Pycnonotus sinensis*			LC		R	S	abc
（133）绿翅短脚鹎 *Ixos mcclellandii*			LC		R	W	abc
（134）栗背短脚鹎 *Hemixos castanonotus*			LC		R	W	b
38. 柳莺科 Phylloscopidae							
（135）黄眉柳莺 *Phylloscopus inornatus*			LC		W	U	a
（136）黄腰柳莺 *Phylloscopus proregulus*			LC		W	U	ac
（137）棕眉柳莺 *Phylloscopus armandii*			LC		P	H	a
（138）黄腹柳莺 *Phylloscopus affinis*			LC		S	H	c
（139）褐柳莺 *Phylloscopus fuscatus*			LC		P	M	bc
（140）棕腹柳莺 *Phylloscopus subaffinis*			LC		R	S	c
（141）白眶鹟莺 *Seicercus affinis*			LC		R	W	abc
（142）灰冠鹟莺 *Seicercus tephrocephalus*			LC		W	S	b
（143）极北柳莺 *Phylloscopus borealis*			LC		P	U	b
（144）栗头鹟莺 *Seicercus castaniceps*			LC		S	W	bc
（145）黑眉柳莺 *Phylloscopus ricketti*			LC		S	W	abc
（146）冠纹柳莺 *Phylloscopus claudiae*			LC		S	W	abc
39. 树莺科 Cettiidae							
（147）棕脸鹟莺 *Abroscopus albogularis*			LC		R	S	abc
（148）强脚树莺 *Horornis fortipes*			LC		R	W	abc
（149）栗头树莺 *Cettia castaneocoronata*			LC		R	H	a
40. 长尾山雀科 Aegithalidae							
（150）红头长尾山雀 *Aegithalos concinnus*			LC		R	W	abc

（续表）

目、科、种	保护级别	CITES附录	红色名录	中国特有种	居留型	分布型	资料来源
41. 鸦雀科 Paradoxornithidae							
（151）棕头鸦雀 Sinosuthora webbianus			LC		R	S	abc
（152）灰喉鸦雀 Sinosuthora alphonsiana			LC		R	S	bc
（153）灰头鸦雀 Psittiparus gularis			LC		R	W	abc
（154）点胸鸦雀 Paradoxornis guttaticollis			LC		R	S	c
42. 绣眼鸟科 Zosteropidae							
（155）白领凤鹛 Parayuhina diademata			LC		R	H	ac
（156）栗颈凤鹛 Staphida torqueola			LC		R	W	abc
（157）黑颏凤鹛 Yuhina nigrimenta			LC		R	W	abc
（158）红胁绣眼鸟 Zosterops erythropleurus	二级		LC		W	M	a
（159）暗绿绣眼鸟 Zosterops japonicus			LC		S	S	abc
（160）灰腹绣眼鸟 Zosterops palpebrosus			LC		R	W	ab
43. 林鹛科 Timaliidae							
（161）斑胸钩嘴鹛 Erythrogenys gravivox			LC		R	S	abc
（162）棕颈钩嘴鹛 Pomatorhinus ruficollis			LC		R	W	abc
（163）红头穗鹛 Cyanoderma ruficeps			LC		R	S	abc
44. 幽鹛科 Pellorneidae							
（164）褐胁雀鹛 Schoeniparus dubia			LC		R	W	abc
（165）褐顶雀鹛 Schoeniparus brunneus			LC		R	S	ac
45. 雀鹛科 Alcippeidae							
（166）灰眶雀鹛 Alcippe davidi			LC		R	W	abc
46. 噪鹛科 Leiothrichidae							
（167）画眉 Garrulax canorus	二级	附录Ⅱ	NT		R	S	abc
（168）褐胸噪鹛 Garrulax maesi	二级		LC		R	S	ab
（169）灰翅噪鹛 Ianthocincla cineraceus			LC		R	S	a
（170）白颊噪鹛 Pterorhinus sannio			LC		R	S	abc
（171）黑脸噪鹛 Pterorhinus perspicillatus			LC		R	S	a
（172）矛纹草鹛 Pterorhinus lanceolatus			LC		R	S	abc
（173）棕噪鹛 Pterorhinus berthemyi	二级		LC	√	R	S	b
（174）红尾噪鹛 Trochalopteron milnei	二级		LC		R	W	a
（175）红尾希鹛 Minla ignotincta			LC		R	S	a
（176）蓝翅希鹛 Actinodura cyanouroptera			LC		R	W	ac
（177）红嘴相思鸟 Leiothrix lutea	二级	附录Ⅱ	LC		R	W	abc
（178）黑头奇鹛 Heterophasia desgodinsi			LC		R	H	b
47. 河乌科 Cinclidae							
（179）褐河乌 Cinclus pallasii			LC		R	W	abc

（续表）

目、科、种	保护级别	CITES附录	红色名录	中国特有种	居留型	分布型	资料来源
48. 椋鸟科 Sturnidae							
（180）八哥 *Acridotheres cristatellus*			LC		R	W	ac
（181）丝光椋鸟 *Spodiopsar sericeus*			LC		R	S	c
（182）灰椋鸟 *Spodiopsar cineraceus*			LC		W	X	b
49. 鸫科 Turdidae							
（183）虎斑地鸫 *Zoothera aurea*			LC		S	U	a
（184）乌鸫 *Turdus mandarinus*			LC	√	R	O	bc
（185）斑鸫 *Turdus eunomus*			LC		W	M	ac
（186）宝兴歌鸫 *Turdus mupinensis*			LC	√	R	H	a
50. 鹟科 Muscicapidae							
（187）鹊鸲 *Copsychus saularis*			LC		R	W	abc
（188）乌鹟 *Muscicapa sibirica*			LC		S	M	b
（189）北灰鹟 *Muscicapa dauurica*			LC		P	M	b
（190）白喉林鹟 *Cyornis brunneatus*	二级		VU		S	S	bc
（191）铜蓝鹟 *Eumyias thalassinus*			LC		S	W	a
（192）红胁蓝尾鸲 *Tarsiger cyanurus*			LC		W	M	ac
（193）小燕尾 *Enicurus scouleri*			LC		R	S	ab
（194）灰背燕尾 *Enicurus schistaceus*			LC		R	W	abc
（195）白额燕尾 *Enicurus leschenaulti*			LC		R	W	abc
（196）紫啸鸫 *Myophonus caeruleus*			LC		R	W	abc
（197）白眉姬鹟 *Ficedula zanthopygia*			LC		S	M	a
（198）黄眉姬鹟 *Ficedula narcissina*			LC		S	B	c
（199）红喉姬鹟 *Ficedula albicilla*			LC		P	U	c
（200）赭红尾鸲 *Phoenicurus ochruros*			LC		R	O	a
（201）北红尾鸲 *Phoenicurus auroreus*			LC		R	M	abc
（202）蓝额红尾鸲 *Phoenicurus frontalis*			LC		R	H	c
（203）红尾水鸲 *Rhyacornis fuliginosus*			LC		R	W	abc
（204）白顶溪鸲 *Chaimarrornis leucocephalus*			LC		R	H	ac
（205）蓝矶鸫 *Monticola solitarius*			LC		R	U	abc
（206）栗腹矶鸫 *Monticola rufiventris*			LC		R	S	c
（207）黑喉石䳭 *Saxicola maurus*			LC		R	O	abc
（208）灰林䳭 *Saxicola ferreus*			LC		R	W	abc
51. 啄花鸟科 Dicaeidae							
（209）纯色啄花鸟 *Dicaeum concolor*			LC		R	W	a
（210）红胸啄花鸟 *Dicaeum ignipectus*			LC		R	W	bc
52. 花蜜鸟科 Nectariniidae							
（211）蓝喉太阳鸟 *Aethopyga gouldiae*			LC		R	S	a

（续表）

目、科、种	保护级别	CITES附录	红色名录	中国特有种	居留型	分布型	资料来源
（212）叉尾太阳鸟 *Aethopyga christinae*			LC		R	S	abc
53. 梅花雀科 Estrildidae							
（213）白腰文鸟 *Lonchura striata*			LC		R	W	abc
54. 雀科 Passeridae							
（214）山麻雀 *Passer cinnamomeus*			LC		R	S	abc
（215）麻雀 *Passer montanus*			LC		R	U	abc
55. 鹡鸰科 Motacillidae							
（216）山鹡鸰 *Dendronanthus indicus*			LC		S	M	a
（217）树鹨 *Anthus hodgsoni*			LC		W	M	abc
（218）粉红胸鹨 *Anthus roseatus*			LC		W	H	ac
（219）黄腹鹨 *Anthus rubescens*			LC		W	M	c
（220）黄鹡鸰 *Motacilla tschutschensis*			LC		P	U	b
（221）灰鹡鸰 *Motacilla cinerea*			LC		R	O	abc
（222）黄头鹡鸰 *Motacilla citreola*			LC		P	U	ab
（223）白鹡鸰 *Motacilla alba*			LC		R	U	abc
56. 燕雀科 Fringillidae							
（224）燕雀 *Fringilla montifringilla*			LC		W	U	ac
（225）普通朱雀 *Carpodacus erythrinus*			LC		R	U	ac
（226）金翅雀 *Chloris sinica*			LC		R	M	abc
（227）黄雀 *Spinus spinus*			NT		W	U	c
57. 鹀科 Emberizidae							
（228）凤头鹀 *Melophus lathami*			LC		R	W	abc
（229）三道眉草鹀 *Emberiza cioides*			LC		R	M	abc
（230）西南灰眉岩鹀 *Emberiza yunnanensis*			LC		R	O	abc
（231）黄喉鹀 *Emberiza elegans*			LC		R	M	abc
（232）蓝鹀 *Emberiza siemsseni*	二级		LC	√	W	H	a
（233）小鹀 *Emberiza pusilla*			LC		R	U	ac
（234）灰头鹀 *Emberiza spodocephala*			LC		R	M	abc
（235）白眉鹀 *Emberiza tristrami*			NT		W	M	c

注：1. 保护级别：一级－国家一级重点保护野生动物，二级－国家二级重点保护野生动物。

2. CITES附录：濒危野生动植物种国际贸易公约附录Ⅰ/Ⅱ。

3. 红色名录［依据《中国生物多样性红色名录：脊椎动物　第二卷　鸟类》(张雁云，郑光美，2021)］：EN－濒危，VU－易危，NT－近危，LC－无危。

4. 居留型：R－留鸟，S－夏候鸟，W－冬候鸟，P－旅鸟。

5. 分布型［依据《中国动物地理》(张荣祖，2011)］：B－华北型，C－全北型，E－季风区型，H－喜马拉雅－横断山区型，M－东北型，O－不易归类的分布，S－南中国型，U－古北型，W－东洋型，X－东北－华北型。

6. 资料来源：a－《贵州习水保护区科学考察研究》(罗扬等，2011)，b－笔者2016年至2023年期间调查记录，c－依托"生物多样性调查评估项目（2019HJ2096001006）"资助开展的多样性调查记录。

7. 鸟类分类系统依据《中国鸟类分类与分布名录（第四版）》(郑光美，2023)。

（三）鸟类学术语

夏候鸟：春、夏季留居并繁殖的鸟，在该地为夏候鸟。

冬候鸟：仅在冬季留居的鸟，在该地称为冬候鸟。

旅鸟：仅在春、秋季迁徙时停留的鸟。

迷鸟：偶然出现的鸟，通常不作居留型说明。

留鸟：终年留居在出生地，不迁徙，有时只进行短距离游荡。

成鸟：发育成熟（性腺成熟）、羽色显示出种的特色和特征，具有繁殖能力的鸟。一般小型鸟出生后2年即为成鸟；大中型鸟需经3~5年性成熟。

雏鸟：孵出后至廓羽长成之前，通常不能飞翔。

幼鸟：离巢后独立生活，但未达到性成熟的鸟。

亚成鸟：比幼鸟更趋向成熟的阶段，但未到性成熟的鸟，有的也作幼鸟的同义词。

早成鸟：雏鸟出壳后全身被绒羽，眼睛开，有视力、听力，具有避敌害反应，能站立、自行取食、随亲鸟行走，又称离巢鸟。

晚成鸟：雏鸟出壳后体躯裸露，无羽或仅有稀疏羽，眼不睁，仅有简单求食反映，不能站立，要亲鸟保温送食，又称留巢型鸟。

半早成鸟：雏鸟在发育上属早成性鸟而在习性上为晚成鸟，滞留巢内，亲鸟喂一个时期后才离巢，如鸥类。

半晚成鸟：初出壳雏鸟不全被绒羽、眼睛或未睁，脚无力不能站立，需亲鸟保暖送食，如猛禽。

夏羽：为成鸟在繁殖季节的被羽，也叫繁殖羽，是在早春换羽而呈现的羽。

冬羽：繁殖期过后，经过一次完全换过的羽，旅鸟在迁徙过程完成换羽。

翈：羽瓣，是羽片的一侧，在羽毛内侧者称内翈，在羽毛外侧者称外翈，通常外翈较内翈狭窄。

纵纹：与羽毛上的羽轴平行或接近平行的斑纹称纵纹。

轴纹：与羽轴重合的纹称轴纹，也叫羽干纹。

带斑：多羽连成一条带状斑纹者。

横斑：与羽轴垂直的斑纹。

端斑：位于羽毛末端的斑纹或斑块。

次端斑：紧靠近端斑之内的斑块为次端斑。

羽缘斑：沿羽毛边缘形成的斑纹。

蠹状斑：极细密波纹状的斑纹，或不规则细横而密的纹斑如小囊虫在树皮下哨的坑道。

（四）鸟体各部名称

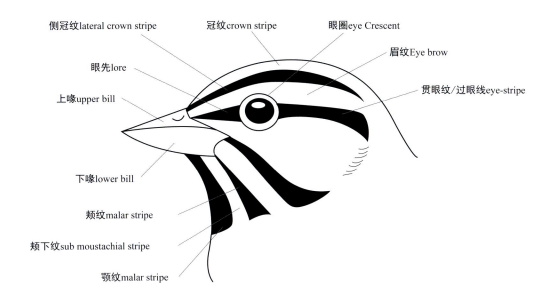

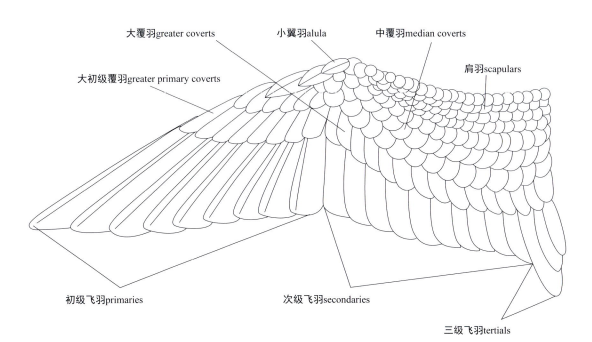

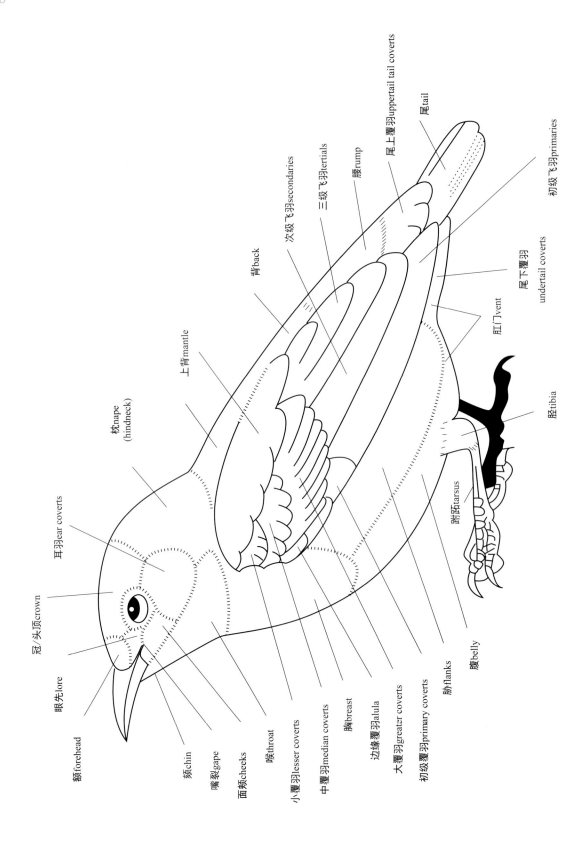

一

鸡形目
GALLIFORMES

（一）雉 科 Phasianidae

1. 红腹角雉

学 名：*Tragopan temminckii*　英文名：Temmick's Tragopan

🐦 **形态特征：** 体长60~68cm，尾短。雄鸟绯红，上体多有带黑色外缘的白色小圆点，下体带灰白色椭圆形点斑。头黑，眼后有金色条纹，脸部裸皮呈蓝色，具可膨胀的喉垂及肉质角。与红胸角雉的区别在于下体灰白色点斑较大且不带黑色外缘。雌鸟较小，具棕色杂斑，下体有大块白色点斑。虹膜褐色；喙黑色，喙尖粉红；脚粉色至红色。

🌿 **生态习性：** 单个或家族栖于亚高山林的林下。夜栖枝头。雄鸟炫耀时膨胀喉垂并竖起蓝色肉质角，喉垂完全膨起时有蓝红色图案。

💚 **保护现状：** 国家二级重点保护野生动物;《中国生物多样性红色名录》(2021) 中评估为近危 (NT)。

分 布

陕西南部，甘肃南部，西藏东南部，云南，四川，重庆，贵州，湖北西部，湖南，广西北部。

摄影 / 阎水健

2. 白冠长尾雉

学　名: *Syrmaticus reevesii*　**英文名:** Reeves's Pheasant

形态特征: 雄鸟体长 140~200cm，并具超长的带横斑尾羽（长至 1.5m）。头部花纹呈黑白色。上体金黄具黑色羽缘，呈鳞状。腹中部及股黑色。雌鸟体长 55~70cm，胸部具红棕色鳞状纹，尾远较雄鸟为短。虹膜褐色；喙角质色；脚灰色。

生态习性: 具属的典型特性。长长的尾羽常被用作京剧的艳丽头饰。

保护现状: 国家一级重点保护野生动物；《中国生物多样性红色名录》（2021）中评估为濒危（EN）。中国特有种。

分布

河南西南部，陕西南部，甘肃东南部，云南东北部，四川，重庆，贵州，湖北，湖南西部，安徽西南部。

摄影 / 程　立

3. 红腹锦鸡

学 名：*Chrysolophus pictus*　**英文名**：Golden Pheasant

形态特征：雄鸟头顶、下背、腰及尾上覆羽金黄色；上背浓绿色；翎领亮橙色且具黑色羽缘；下体红色；尾长而弯曲，皮黄色，满布黑色网状斑纹，其余部位黄褐色。雌鸟体型较小，为黄褐色，上体密布黑色带斑，下体淡皮黄色。喙绿黄色；脚角质黄色。

生态习性：生活在多岩的山坡，出没于矮树丛和竹林间，主要栖息在常绿阔叶林、常绿落叶混交林及针叶阔叶混交林中。单独或呈小群活动。早晚在林中或林绿耕地中觅食。

保护现状：国家二级重点保护野生动物；《中国生物多样性红色名录》(2021)中评估为近危(NT)；中国特有种。

分布

河南南部，山西南部，陕西南部，宁夏南部，甘肃东南部，青海东南部，云南东北部，四川，重庆，贵州东部，湖北西部，湖南西部。

摄影 / 匡中帆

4. 环颈雉

学　名: *Phasianus colchicus*　　**英文名**: Common Pheasant

形态特征：雄鸟体长 80~100cm，雄鸟头部具黑色光泽，有显眼的耳羽簇，宽大的眼周裸皮呈鲜红色。有些亚种有白色颈圈。身体披金挂彩，满身点缀着发光羽毛，从墨绿色至铜色、金色；两翼灰色，尾长而尖，褐色并带有黑色横纹。雌鸟体长 57~65cm，而色暗淡，周身密布浅褐色斑纹。中国有 19 个地域型亚种，体羽细部差别甚大。虹膜黄色；喙角质色；脚略灰。

生态习性：雄鸟单独或成小群活动，雌鸟与其雏鸟偶尔和其他鸟混群。栖于不同高度的开阔林地、灌木丛、半荒漠及农耕地。

保护现状:《中国生物多样性红色名录》(2021) 中评估为无危 (LC)。

分 布

新疆西北部，内蒙古，甘肃，青海，陕西，宁夏，黑龙江，吉林，辽宁，北京，天津，河北，河南，山东，山西，西藏东部，云南，四川，重庆，贵州，湖北，湖南，安徽，江西，江苏，上海，浙江，福建，广东，台湾。

摄影 / 沈惠明

5. 白 鹇

学 名: *Lophura nycthemera*　**英文名**: Silver Pheasant

形态特征：体长 60~70cm 雄鸟上体白密布黑纹；羽冠和下体灰蓝黑色；尾长，大都呈白色。雌鸟通体橄榄褐色，枕冠近黑色。虹膜橙黄；脸的裸出部赤红；在繁殖期有三个肉垂，一在眼前，一在眼后，还有一个在喉侧。喙浅角绿色，基部稍暗；脚辉红色。

生态习性：栖于多林的山地，尤喜在山林下层的浓密竹丛间活动，从山脚直至海拔 1500m 左右的高度。白天大都隐匿不见，晨昏觅食。叫声粗糙。昼间漫游，觅食、喝水都没有定向。警觉性高。食物主要为昆虫及植物种子等。

保护现状：国家二级重点保护野生动物；《中国生物多样性红色名录》（2021）均评估为无危（LC）。

分 布

云南，四川中部，湖北西部，贵州南部和西部，江西，江苏南部，浙江，福建西北部，广东，广西，海南。

摄影 / 张卫民　李利伟

6. 灰胸竹鸡

学 名：*Bambusicola thoracicus*　**英文名**：Chinese Bamboo Partridge

形态特征：体长（27~35cm）的红棕色鹑类，上体棕橄榄褐色，背部杂显著的栗色斑。眉纹灰色；颏、喉及胸腹前部栗棕色，向后转为棕黄色；胸具蓝灰色带斑；胁具黑褐色斑。上背、胸侧及两胁有月牙形的大块褐斑。外侧尾羽栗色。飞行翼下有两块白斑。雄雌同色。虹膜红褐色；喙褐色；脚绿灰色。

生态习性：以家庭群栖居。飞行笨拙、径直。活动于干燥的矮树丛、竹林灌丛，至海拔 1000m 处。繁殖期中，雌雄常对鸣不已，鸣声响亮清晰。

保护现状：《中国生物多样性红色名录》（2021）评估为无危（LC）；中国特有种。

分 布

河南南部，陕西南部，甘肃南部，云南东北部，四川，重庆，贵州，湖北，湖南，安徽，江西，江苏，上海，浙江，福建，广东，广西。

摄影 / 匡中帆

二

雁形目
ANSERIFORMES

(二) 鸭 科 Anatidae

7. 普通秋沙鸭

学 名: *Mergus merganser*　**英文名**: Common Merganser

形态特征：体型略大（54~68cm）的食鱼鸭。细长的喙具钩。繁殖期雄鸟头及背部绿黑，与光洁的乳白色胸部及下体形成对比。飞行时翼白而外侧三极飞羽黑色。雌鸟及非繁殖期雄鸟上体深灰，下体浅灰，头棕褐色而颏白。体羽具蓬松的副羽，较中华秋沙鸭稍短而厚。飞行时次级飞羽及覆羽全白。虹膜褐色；喙红色；脚红色。

生态习性：喜结群活动于湖泊及湍急河流。潜水捕食鱼类。

保护现状：《中国生物多样性红色名录》（2021）均评估为无危（LC）。

分 布

除西藏、青海、香港、海南外，见于各省份。

摄影/郭 轩

8. 鸳 鸯

学 名：*Aix galericulata*　**英文名**：Mandarin Duck

形态特征：中等体型（41~51cm）。雌雄异色。雄鸟羽色华丽，头顶具羽冠，眼后有一宽而明显的白色眉纹，延长至羽冠；翅上有一对栗黄色帆状羽明显，易于识别。雌鸟不甚艳丽，无羽冠和帆羽，头和背呈褐色，具亮灰色体羽及雅致的白色眼圈及眼后线。雄鸟的非婚羽似雌鸟，但喙为红色。虹膜褐色；雄鸟喙红色，雌鸟喙灰色；脚近黄色。

生态习性：营巢于树洞或河岸，活动于多林木的溪流。

保护现状：国家二级重点保护野生动物；《中国生物多样性红色名录》（2021）均评估为近危（NT）。

分 布

除西藏、青海外，见于各省份。

摄影 / 匡中帆

9. 白眼潜鸭

学　名：*Aythya nyroca*　　**英文名**：Ferruginous Duck

形态特征：中等体型（33~43cm）的全深色潜鸭。仅眼及尾下羽为白色。雄鸟头、颈、胸及两胁呈浓栗色，眼白色；雌鸟暗烟褐色，眼色淡。侧看头部羽冠高耸。飞行时，飞羽为白色带狭窄黑色后缘。雌雄两性与雌凤头潜鸭的区别在于白色尾下覆羽（有时也见于雌凤头潜鸭），头形有异，缺少头顶冠羽，喙上无黑色次端带。与青头潜鸭区别在于两胁少白色。虹膜雄鸟白色，雌鸟褐色；喙蓝灰色；脚灰色。

生态习性：栖息于沼泽及淡水湖泊。冬季也活动于河口及沿海潟湖。怯生谨慎，成对或成小群活动。

保护现状：《中国生物多样性红色名录》（2021）均评估为近危（NT）。

分　布

黑龙江，吉林，北京，天津，河北，山东，河南，山西南部，陕西，内蒙古中部，宁夏，甘肃，新疆，西藏南部，青海，云南，四川，重庆，贵州，湖北，湖南，安徽，江西，江苏，上海，浙江，福建，广东，香港，广西，台湾。

摄影/郭　轩

10. 斑背潜鸭

学 名: *Aythya marila*　**英文名**: Greater Scaup

形态特征：中等体型（42~49cm）的矮胖型鸭。雄鸟比凤头潜鸭体长，背灰，无羽冠。雌鸟与雌凤头潜鸭的区别在于喙基有一宽白色环。与小潜鸭甚相像但体形较大且无小潜鸭的短羽冠。飞行时不同于小潜鸭之处在于初级飞羽基部为白色。虹膜黄色略白；喙灰蓝色；脚灰色。

生态习性：多在沿海水域或河口活动；有时色见于淡水湖泊。

保护现状：《中国生物多样性红色名录》（2021）中评估为无危（LC）。

分 布

黑龙江，吉林，辽宁，北京，天津，河北，山东，河南，内蒙古，宁夏，新疆，云南，四川，重庆，湖北，湖南，安徽，江西，江苏，上海，浙江，福建，广东，香港，广西，台湾。

摄影 / 王大勇

11. 赤膀鸭

学　名: *Mareca strepera*　　**英文名**: Gadwall

形态特征：雄鸟，中等体型（45~51cm）。喙黑，头棕，尾黑，次级飞羽具白斑及腿橘黄为其主要特征。比绿头鸭稍小，喙稍细。雌鸟似雌绿头鸭但头较扁，喙侧橘黄色，腹部及次级飞羽白色。虹膜褐色；繁殖期雄鸟的喙灰色，其他时候为橘黄色但中部灰色；脚橘黄。

生态习性：栖于开阔的淡水湖泊及沼泽地带。

保护现状：《中国生物多样性红色名录》（2021）均评估为无危（LC）。

分　布

见于各省份。

摄影 / 匡中帆

12. 赤颈鸭

学 名: *Mareca penelope*　**英文名**: Eurasian Wigeon

形态特征：中等体型（42~51cm）。雄鸟头栗色而带皮黄色冠羽。体羽余部多灰色，两胁有白斑，腹白，尾下覆羽黑色。飞行时白色翅羽与深色飞羽及绿色翼镜成对照。雌鸟通体棕褐或灰褐色，腹白。飞行时浅灰色的翅覆羽与深色的飞羽成对照。下翼灰色。虹膜棕色；喙蓝绿色；脚灰色。

生态习性：与其他水鸟混群栖息于湖泊、沼泽及河口地带。

保护现状：《中国生物多样性红色名录》（2021）评估为无危（LC）。

分 布

见于各省份。

摄影 / 匡中帆

13. 绿头鸭

学　名：*Anas platyrhynchos*　　**英文名**：Mallard

形态特征：中等体型（55~70cm），为家鸭的野型。雄鸟头及颈深绿色带光泽，白色颈环使头与栗色胸隔开。雌鸟褐色斑驳，有深色的贯眼纹。较雌针尾鸭尾短而钝；较雌赤膀鸭体大且翼上图纹不同。虹膜褐色；喙黄色；脚橘黄色。

生态习性：多见于湖泊、池塘及河口。

保护现状：《中国生物多样性红色名录》（2021）评估为无危（LC）。

分　布

见于各省份。

摄影 / 郭　轩

䴙䴘目
PODICIPEDIFORMES

（三）䴘䴘科 Podicipedidae

14. 小䴘䴘

学　名：*Tachybaptus ruficollis*　**英文名**：Little Grebe

形态特征：体形较小（23~29cm），喙锥形，翅短小，尾羽松散而短小；跗跖侧扁，后缘鳞片主要呈三角形，锯齿状，趾具瓣蹼。繁殖期，喉及前颈偏红，头顶及颈背深灰褐，上体褐色，下体偏灰色，具明显黄色喙斑。非繁殖期，上体灰褐色，下体白色。虹膜黄色；喙黑色；脚蓝灰色，趾尖浅色。

生态习性：喜清水及有丰富水生生物的湖泊、沼泽及涨过水的稻田。通常单独或成分散小群活动。主要以小型鱼虾及水生昆虫等为食。筑浮巢繁殖。

保护现状：《中国生物多样性红色名录》（2021）评估为无危（LC）。

分　布

见于各省份。

摄影 / 匡中帆

15. 黑颈䴘

学　名：*Podiceps nigricollis*　　**英文名**：Black-necked Grebe

形态特征：中等体型（25~35cm）。繁殖期成鸟具松软的黄色耳簇，耳簇延伸至耳羽后，前颈黑色。冬羽与角的区别在于喙全深色，且深色的顶冠延至眼下。颈部白色延伸至眼后呈月牙形，飞行时无白色翼覆羽。幼鸟似冬季成鸟，但褐色较重，胸部具深色带，眼圈白色。虹膜红色；喙黑色；脚灰黑色。

生态习性：成群在淡水或咸水上繁殖。冬季结群于湖泊及沿海活动。

保护现状：国家二级重点保护野生动物；《中国生物多样性红色名录》（2021）中评估为无危（LC）。

分 布

除海南外，见于各省份。

摄影 / 韦　铭

四 鸽形目
COLUMBIFORMES

贵州习水鸟类

（四）鸠鸽科 Columbidae

16. 山斑鸠

学　名： *Streptopelia orientalis*　**英文名：** Oriental Turtle Dove

形态特征： 中等体型（28~36cm）。上体以黑褐色为主；后颈基部两侧具羽端蓝灰色、羽基黑色的斑块；肩羽具锈红色羽缘；尾羽黑褐色，尾梢浅灰端缘灰白色。腰灰。脚红色。虹膜黄色；喙灰色；脚粉红色。

生态习性： 喜结群活动于坝区边缘的低丘、山地和靠近农耕地的地方，常在农耕地觅食散落谷物，或在林中啄食果实。

保护现状：《中国生物多样性红色名录》（2021）评估为无危（LC）。

分布

见于各省份。

摄影 / 匡中帆

17. 火斑鸠

学　名: *Streptopelia tranquebarica*　　**英文名**: Red Turtle Dove

形态特征： 体小（20~23cm）的酒红色斑鸠。颈部的黑色半领圈前端白色。雄鸟头部偏灰，下体偏粉，翼覆羽棕黄。初级飞羽近黑，青灰色的尾羽羽缘及外侧尾端白色。雌鸟色较浅且暗，头暗棕色，体羽红色较少。虹膜褐色；喙灰色；脚红色。

生态习性： 在地面急切地边走边找食物。

保护现状：《中国生物多样性红色名录》（2021）评估为无危（LC）。

分　布

除新疆外，见于各省份。

摄影 / 匡中帆

18. 珠颈斑鸠

学　名: *Spilopelia chinensis*　**英文名**: Spotted Dove

形态特征：中等体型（27~33cm）的粉褐色斑鸠。头部鸽灰色；上体羽几呈褐色，后颈有宽阔的黑色领圈，密布白色或渲染棕黄色的珠状点斑；外侧尾羽黑褐色，末端白色，尾羽展开时白色羽端十分显著；下体呈葡萄粉红色。虹膜橘黄色；喙黑色；脚红色。

生态习性：常结群活动于田间及村寨附近或住家旁的大树上。经常在地面上或农田里觅食，鸣声响亮，声似"ku-ku-u-ou"，连续鸣叫多次。主要以各种农作物种子及杂草种子为食。

保护现状：《中国生物多样性红色名录》（2021）评估为无危（LC）。

分布

北京，天津，河北，山东，河南，山西，陕西，内蒙古，宁夏，甘肃，青海，云南，四川，重庆，贵州，湖北，湖南，安徽，江西，江苏，上海，浙江，福建，广东，香港，澳门，广西，海南，台湾。

摄影 / 匡中帆

19. 楔尾绿鸠

学　名: *Treron sphenurus*　　**英文名**: Wedge-tailed Green Pigeon

形态特征： 中等体型（29~33cm）的绿鸠。雄鸟头绿，头顶橙黄，胸橙黄，上背紫灰色；翼覆羽及上背紫栗色，其余翼羽及尾深绿色且大覆羽及色深的飞羽羽缘黄色；臀淡黄具深色纵纹；两胁边缘黄色；尾下覆羽棕黄。雌鸟尾下覆羽，臀浅黄具大块的深色斑纹。虹膜浅蓝至红色；喙基部青绿色，尖端米黄色；脚红色。

生态习性： 喜在栎树、月桂及石楠丛生的山区活动，人可接近。

保护现状： 国家二级重点保护野生动物；《中国生物多样性红色名录》（2021）评估为近危（NT）。

分布

西藏南部，云南，四川中部和西南部，湖北西部，香港，广西西南部。

摄影 / 莫国巍

20. 红翅绿鸠

学　名: *Treron sieboldii*　　**英文名**: Red-bellied Green-Pigeon

形态特征：中等体型（29~33cm），雄鸟翅上有栗色块斑，背部有时沾染栗色，额亮绿黄色；头顶棕橙色；枕、头侧及颈呈灰黄绿色；上体余部及内侧飞羽表面呈橄榄绿色，颈部沾灰色，上背沾有栗红色，颏、喉亮黄色；胸浓黄而沾棕橙色；胁具灰绿色条纹。雌鸟额及颏、喉淡黄绿色；头顶及胸部缺乏棕橙色，背及翅上均为暗绿色；胸至上腹呈现比雄鸟较暗的绿色；下腹至尾下覆羽呈现淡黄白色。虹膜外圈紫红色，内圈蓝色；喙灰蓝色，端部较暗；脚淡紫红色。

生态习性：常见单个或三五成群在山区的森林或多树地带活动。常在针阔混交林活动，也见于林缘的庄稼地。飞行快而直。鸣叫一般似"ku-u"的延长声，颇似小孩啼哭声。食物主要为浆果、草籽。

保护现状：国家二级重点保护野生动物；《中国生物多样性红色名录》（2021）评估为无危（LC）。

分布

西藏东南部，云南南部，四川，贵州，江西，广东，香港，澳门，广西，海南，台湾。

摄影/郭　轩

五

夜鷹目
CAPRIMULGIFORMES

（五）夜鹰科 Caprimulgidae
21. 普通夜鹰

学　名： *Caprimulgus indicus*　**英文名：** Grey Nightjar

形态特征： 中等体型（24~29cm）的偏灰色夜鹰。雄鸟最外侧 4 枚初级飞羽具一道白色横斑；外侧 4 对尾羽具白色次端斑，喉具白斑。雌鸟最外侧 4 枚初级飞羽斑块棕黄，尾羽次端斑棕黄或阙如。虹膜褐色；喙偏黑色；脚巧克力色。

生态习性： 喜开阔的山区森林及灌丛。典型的夜鹰式飞行，白天栖于地面或横枝。常在夜间活动，黄昏时尤为活跃，不断在空中捕捉昆虫。

保护现状：《中国生物多样性红色名录》（2021）评估为无危（LC）。

分 布

除新疆、青海外，见于各省份。

摄影 / 黄吉红

（六）雨燕科 Apodidae
22. 白腰雨燕

学 名：*Apus pacificus*　**英文名**：Fork-tailed Swift

形态特征：体型略大（17~20cm）的污褐色雨燕。尾长且尾叉深，颏偏白，腰上有白斑。与小白腰雨燕的区别在于体大而色淡，喉色较深，腰部白色马鞍形斑较窄，体型较细长，尾叉开。虹膜深褐色；喙黑色；脚偏紫色。

生态习性：成群活动于开阔地区，常常与其他雨燕混合。结群在悬崖峭壁裂缝中营巢觅食时做不规则的振翅和转弯。食物以昆虫为主。

保护现状：《中国生物多样性红色名录》（2021）评估为无危（LC）。

分 布：新疆北部，西藏东部、南部，青海南部，黑龙江，吉林，辽宁，北京，天津，河北，河南，山东，山西，内蒙古，宁夏，江苏，上海，海南，陕西，甘肃，四川，云南，重庆，贵州，湖北，江西，浙江，福建，广东，香港，澳门，广西，台湾。

摄影 / 匡中帆

23. 小白腰雨燕

学 名: *Apus nipalensis* **英文名**: House Swift

形态特征：中等体型（13~15cm）的偏黑色雨燕。额、头顶和头颈两侧呈暗褐色，背、尾上覆羽和尾羽表面亮黑褐色，喉及腰白色，下体余部黑褐色，无白色斑纹，尾为凹型，非叉型。胸和腹部略具金属光泽，两性相似。

生态习性：成大群活动，在开阔地带的上空捕食，飞行平稳。营巢于屋檐下、悬崖或洞穴口。

保护现状：《中国生物多样性红色名录》（2021）评估为无危（LC）。

分布

山东，云南南部、西北部，四川，贵州，江苏，上海，浙江，福建，广东，香港，澳门，广西，海南，台湾。

摄影 / 黄吉红

六

鹃形目
CUCULIFORMES

贵州习水鸟类

（七）杜鹃科 Cuculidae

24. 红翅凤头鹃

学 名：*Clamator coromandus*　**英文名**：Red-winged Grested Cuckoo

形态特征：体长38~46cm，成鸟头顶包括羽冠、枕部及头侧黑色而具蓝辉；后颈白色，形成一个半领环；背、肩及翼上覆羽、最内侧次级飞羽黑色而具金属绿色亮辉；自腰至近尾端黑色，具深蓝色亮辉；尾羽均具狭形白端；两翅栗色；颏至上胸淡红褐色；上胸以下至腹部白色；两胁及肛部苍褐色；尾下覆羽黑色，翼下覆羽淡红褐色；腋羽淡棕色。虹膜淡红褐色；喙黑色，下喙基部近淡土黄色，喙角略呈肉红色；脚铅褐色。

生态习性：夏天常见于我国南部，一般在林木较多且较开阔的山坡、山脚或平原活动。多单独或成对活动，常活跃于较暴露的树枝间。飞行力不强，快速但不持久。鸣声尖锐清晰，有点像"ku-kuk-ku"之声。食物为昆虫、野果等。

保护现状：《中国生物多样性红色名录》（2021）评估为无危（LC）。

分布

北京，天津，河北，山东，河南，山西，陕西南部，甘肃，云南，四川东部，重庆，贵州，湖北，湖南，安徽，江西，江苏，上海，福建，广东，香港，澳门，广西，海南，台湾。

摄影 / 张卫民

25. 噪鹃

学　名：*Eudynamys scolopaceus*　　**英文名**：Asian Koel

形态特征：体形较大（39~46cm）的杜鹃，翅长在 190mm 以上，喙、脚较一般杜鹃粗壮；跗蹠裸露无羽；尾羽基本等长；雄鸟通体亮蓝黑色；雌鸟为褐色满布白色点斑，下体杂以横斑。虹膜红色；喙浅绿色；脚蓝灰色。

生态习性：喜栖息于山地森林、丘陵或村边的疏林中，多隐蔽于大树顶层枝叶茂密的地方。借乌鸦、卷尾及黄鹂的巢产卵。除觅食昆虫外，亦吃各种野果。

保护现状：《中国生物多样性红色名录》（2021）评估为无危（LC）。

分布

北京，河北，山东，河南，陕西南部，甘肃，西藏西部、南部，云南四川，重庆，贵州，湖北，湖南，安徽，江西，江苏，上海，浙江，福建，广东，香港，澳门，广西，台湾，海南。

摄影 / 匡中帆　吴忠荣

26. 翠金鹃

学　名: *Chrysococcyx maculatus*　　**英文名**: Asian Emerald Cuckoo

形态特征：体型较小（15~17cm），羽色艳丽。雄鸟上体全为有金属闪光的绿色；雌鸟头顶及项棕色，上体余部绿色。两性下体均粗著横斑。雄鸟全头、颈及上胸部、上体余部及两翅表面等呈辉绿色，具金铜色反光。尾羽绿且杂以蓝色，外侧尾羽具白色羽端。下体自胸次白色具辉铜绿色横斑。雌鸟尾羽色稍暗，下体白色，颈、喉处具狭形黑色横斑和宽形的、呈辉绿的淡黑色横斑；尾下覆羽以栗色及黑色为主。虹膜淡红褐至绯红色，眼圈绯红色；喙亮橙黄色，尖端黑色；脚暗褐绿色。

生态习性：非繁殖期常见于山区低处茂密的常绿林，觅食于树顶部叶子稠密的枝杈间，不易被发现。繁殖期活动于山上灌木丛间。食物几乎全为昆虫。

保护现状：《中国生物多样性红色名录》（2021）均评估为近危（NT）。

分布

云南西南部，四川，重庆，贵州，湖北西部，湖南，广东，广西，海南。

摄影 / 匡中帆

27. 八声杜鹃

学　名：*Cacomantis merulinus*　　**英文名**：Plaintive Cuckoo

形态特征：体长 21~25cm，成鸟头、颈及上胸灰色；背至尾上覆羽暗灰色；肩及两翅表面褐色而具青铜色反光，外侧翼上覆羽杂以白色横斑。尾淡黑色，具白色羽端。下体自下胸以下及翼下覆羽均呈淡棕栗色。雌鸟上体全为褐色和栗色横斑相间状；颏、喉和胸等均呈淡栗色，布以褐色狭形横斑；下体余部近白色，具极狭形的暗灰色横斑。虹膜红褐色；喙褐色（冬天）或角褐色而下喙基部橙色（夏天）；脚苍黄色。肝色型雌鸟虹膜围为灰色和黄色；脚深黄色。

生态习性：常栖于村边、果园、公园及庭院的树木。较活跃，常在树枝间转移，鸣声尖锐似"ka—pie"的八声一度。食物主要为昆虫，尤以毛虫为最。

保护现状：《中国生物多样性红色名录》（2021）评估为无危（LC）。

分　布

陕西南部，西藏东南部，云南，四川西南部，贵州，湖南，江西，浙江，福建，广东，香港，澳门，广西，海南，台湾。

摄影 / 匡中帆

28. 乌 鹃

学　名：*Surniculus lugubris*　**英文名**：Drongo-Cuckoo

形态特征：中等体型（24~28cm）的黑色杜鹃。体形与黑卷尾相似，通体为黑蓝色，尾羽略呈叉状，但最外侧一对尾羽及尾下覆羽具白色横斑，可与黑卷尾相区别。幼鸟具不规则的白色点斑。雄鸟虹膜褐色，（雌鸟）虹膜黄色；喙黑色；脚蓝灰色。

生态习性：栖息于林缘以及平原较稀疏的林木间，有时也停于电线上。飞行姿势与黑卷尾相似，一沉一浮地波浪前进，急迫时也作快速直线飞行。鸣声多为六声一度，音似"pi-pi-pi"的吹箫声，有时也有"wi-whip"的又音声。食物主要为毛虫及其他柔软昆虫，也在枝头上啄食部分野果、种子。

保护现状：《中国生物多样性红色名录》（2021）评估为无危（LC）。

分布

河北，陕西，西藏东南部，云南，四川北部，重庆，贵州，湖北，江西，江苏，浙江，福建，广东，澳门，广西，海南。

摄影 / 张卫民

29. 大鹰鹃

学　名: *Hierococcyx sparverioides*　**英文名**: Large Hawk-Cuckoo

形态特征：体形较大（38~42cm）的灰褐色鹰样杜鹃。羽色与雀鹰略似，但喙尖端无利钩，脚细弱而无锐爪。尾端白色；胸棕色，具白色及灰色斑纹；腹部具白色及褐色横斑而染棕色；颏黑色。亚成鸟上体褐色带棕色横斑；下体皮黄而具近黑色纵纹。虹膜橘黄色；上喙黑色，下喙黄绿色；脚浅黄色。

生态习性：多单独活动于山林中的高大乔木上，有时亦见于近山平原。喜隐蔽于枝叶间鸣叫，叫声似"贵贵——阳，贵贵——阳"，先是比较温柔的低音调，随后逐渐增大，音调高吭，终日鸣叫不休，甚至夜间也可以听到。食物以昆虫为主。

保护现状：《中国生物多样性红色名录》（2021）评估为无危（LC）。

分布

北京，河北北部，山东，河南南部，山西，陕西南部，内蒙古，甘肃东南部，西藏，云南，四川，重庆，贵州，湖北，湖南，安徽，江西，江苏，上海，浙江，广东，香港，澳门，广西，海南，台湾。

摄影 / 郭　轩

30. 四声杜鹃

学 名：*Cuculus micropterus* **英文名**：Indian Cuckoo

形态特征：中等体型（30~34cm）的偏灰色杜鹃。形态似大杜鹃，区别在于尾灰并具黑色次端斑，且虹膜较暗，灰色头部与深灰色的背部成对比。鸣声为四声一度，似"光棍好过"。雌鸟较雄鸟多褐色。亚成鸟头及上背具偏白的皮黄色鳞状斑纹。虹膜红褐色；眼圈黄色；上喙黑色，下喙偏绿色；脚黄色。

生态习性：栖息于平川树林间和山麓平原地带林间，尤其在混交林、阔叶林及疏林地带活动较多，无固定的居留地。性机警、受惊后迅速飞起。飞行速度较快，每次飞翔距离亦较远。

保护现状：《中国生物多样性红色名录》（2021）评估为无危（LC）。

分 布

除新疆、西藏、青海外，见于各省份。

摄影 / 张卫民

31. 大杜鹃

学　名: *Cuculus canorus*　　**英文名**: Cuckoo

形态特征：中等体型（30~35cm）的杜鹃。翅形尖长；翅弯处翅缘白色，具褐色横斑；尾具狭窄白端；腹部具细而密的暗褐色横斑。上体灰色，腹部近白而具黑色横斑。"棕红色"变异型雌鸟为棕色，背部具黑色横斑。与四声杜鹃的区别在于虹膜黄色，尾上无次端斑，与雌中杜鹃的区别在于腰无横斑。幼鸟枕部有白色块斑。鸣声为"布谷"，二声一度。虹膜及眼圈黄色；上喙为深色，下喙为黄色；脚黄色。

生态习性：多单独或成对活动。常见于山区树林及平原的树上或电线上，不似其他杜鹃那样隐匿。

保护现状：《中国生物多样性红色名录》（2021）评估为无危（LC）。

分布：见于各省份。

摄影 / 匡中帆

32. 中杜鹃

学　名：*Cuculus saturatus*　　**英文名**：Himalayan Cuckoo

形态特征：体型略小（30~34cm）的灰色杜鹃，形态与四声杜鹃甚似，但尾不具宽阔的次端斑；翅缘纯白而不具横斑。雄鸟及灰色雌鸟胸及上体灰色，尾纯黑灰色而无斑，下体皮黄色具黑色横斑。亚成鸟及"棕色型"雌鸟上体棕褐色且密布黑色横斑，近白的下体具黑色横斑直至颏部。棕红色型雌鸟与大杜鹃雌鸟的区别在于腰部具横斑。虹膜红褐色；眼圈黄色；喙角质色；脚橘黄色。

生态习性：性较隐蔽而不常见，更喜栖于茂密的山地森林。鸣声似"布谷谷谷"，第一个音节的音调较高，声音响亮。食物与大杜鹃相似，嗜食毛虫。笔者在梵净山记录到中杜鹃对乌嘴柳莺的巢寄生行为。

保护现状：《中国生物多样性红色名录》（2021）评估为无危（LC）。

分布

北京，天津，河北，山东，山西，陕西，内蒙古，云南，四川，重庆，贵州，湖北，湖南，安徽，江西，江苏，上海、浙江，福建，广东，香港，澳门，广西，海南。

摄影 / 匡中帆

33. 小杜鹃

学　名: *Cuculus poliocephalus*　　**英文名**: Asian Lesser Cuckoo

形态特征：体型略小（24~26cm）的灰色杜鹃。羽色与中杜鹃相似，唯体形小得多，翅长不超过170mm；翅缘多呈灰色，白斑不显著；腹部横斑较粗且较稀疏。上体灰色，头、颈及上胸浅灰。下胸及下体余部白色具清晰的黑色横斑，臀部沾皮黄色。尾灰，无横斑但端具白色窄边。雌鸟似雄鸟但也具棕红色变型，全身具黑色条纹。眼圈黄色。虹膜褐色；喙黄色，端黑色；脚黄色。

生态习性：常单个活动于乔木林中、上层，喜隐匿于茂密的枝叶中。以昆虫为主要食物。

保护现状：《中国生物多样性红色名录》（2021）评估为无危（LC）。

分布：除宁夏、新疆、青海外，见于各省份。

摄影 / 匡中帆

七

鹤形目
GRUIFORMES

七 鹤形目 GRUIFORMES

（八）秧鸡科 Rallidae

34. 红胸田鸡

学　名： *Zapornia fusca* **英文名：** Ruddy-breasted Crake

形态特征： 小型涉禽，体长 19~23cm。上体橄榄褐色，颏、喉白色，头、胸栗红色，下腹、两胁和尾下覆羽褐色，具白色横斑纹，脚橘红色。两性相似。枕、背至尾上覆羽呈暗橄榄褐色，飞羽及尾羽呈暗褐色。两胁暗橄榄灰褐色，雌鸟胸部栗红色较淡，喉白。虹膜红色；喙暗褐色，下喙基部带有紫色；腿和脚橘红色，爪褐色。

生态习性： 常栖息于芦苇沼泽地、湖边、溪流、沟渠的草丛及池塘和稻田中。性胆怯，善游泳，常在晨昏活动。飞行快速。杂食性，吃软体动物、水生昆虫及其幼虫、水生植物的嫩枝和种子以及稻秧等。大多在隐蔽处觅食。

保护现状：《中国生物多样性红色名录》（2021）均评估为近危（NT）。

分　布

云南，黑龙江，吉林，辽宁，北京，天津，河北，山东，河南，山西，陕西，内蒙古，甘肃，四川，重庆，贵州，湖北，湖南，安徽，江西，江苏，上海，浙江，福建，广东，香港，澳门，广西，海南，台湾。

摄影 / 黄吉红

35. 白胸苦恶鸟

学　名：*Amaurornis phoenicurus*　　**英文名**：White-breasted Waterhen

形态特征：体型略大（28~35cm）的深青灰色及白色秧鸡。头顶及上体灰色，脸、额、胸及上腹部白色，下腹及尾下棕色。喙基稍隆起，但不形成额甲。虹膜红色；喙偏绿色，喙基红色；脚黄色。

生态习性：通常单个活动，偶尔两三只成群，于湿润的灌丛、湖边、河滩、红树林及旷野走动找食。多在开阔地带进食，因而较其他秧鸡类常见。

保护现状：《中国生物多样性红色名录》（2021）评估为无危（LC）。

分布

黑龙江，吉林，北京，天津，河北，山东，河南，山西，陕西南部，宁夏，甘肃，西藏东南部，青海，云南，四川，重庆，贵州，湖北，湖南，安徽，江西，江苏，上海，浙江，福建，广东，香港，澳门，广西，海南，台湾。

摄影 / 吴忠荣

36. 黑水鸡

学　名：*Gallinula chloropus*　**英文名**：Common Moorhen

形态特征：中型涉禽体长 24~35cm。全身大致黑色。喙黄绿色，上喙基至额甲鲜红色，额甲端部圆形。尾下覆羽两侧白色，中间黑色。胫跗关节上方具红色环带。两性相似，雌鸟稍小。虹膜红色。喙黄绿色，喙基鲜红色。胫的裸出部前方和两侧橙红色，后面暗红褐色。跗跖前面黄绿色，后面及趾石板绿色。爪黄褐色。

生态习性：栖息在有挺水植物的淡水湿地、水域附近的芦苇丛、灌木丛、草丛、沼泽和稻田中。尾部上下摆动。不善飞翔，飞行缓慢。杂食性。

保护现状：《中国生物多样性红色名录》（2021）评估为无危（LC）。

分布

见于各省份。

摄影 / 匡中帆

37. 白骨顶

学　名：*Fulica atra*　**英文名**：Common Coot

形态特征：中型涉禽，体长 36~41cm，常在开阔水面上游泳。头和颈纯黑、辉亮，余部灰黑色，具白色额甲，端部钝圆，趾间具瓣蹼。两性相似，雌鸟额甲较小。内侧飞羽羽端白色，形成明显的白色翼斑。虹膜红色；喙端灰色，基部淡肉红色；腿、脚、趾及瓣蹼橄榄绿色，爪黑褐色。

生态习性：栖息于有水生植物的大面积静水或近海水域，如湖泊、水库、苇塘、河坝、灌渠、河湾、沼泽地，常成群活动，在迁徙或越冬时，则集成数百只的大群。善游泳，能潜水捕食小鱼和水草。杂食性，但主要以植物为食，其中以水生植物的嫩芽、叶、根、茎为主，也吃昆虫、蠕虫、软体动物等。

保护现状：《中国生物多样性红色名录》（2021）评估为无危（LC）。

分 布

见于各省份。

摄影 / 匡中帆

鹈形目
PELECANIFORMES

（九）鹭　科 Ardeidae

38. 栗苇鳽

学　名： *Ixobrychus cinnamomeus*　**英文名：** Cinnamon Bittern

形态特征： 体长 31~41cm。雄鸟上体栗红色，下体栗黄色杂以少量黑棕羽；喉白色且有栗黄斑与黑斑相杂的纵纹，肛周及尾下覆羽白色。雌鸟头顶棕黑，上体栗棕色，下体棕黄色且杂以黑褐色纵纹。虹膜橙黄色，眼先裸部绿黄色；喙黄色、喙峰黑褐色；跗跖及趾绿褐色。

生态习性： 栖息于低海拔的芦苇丛、沼泽草地及滩涂。在贵州可分布至海拔 350~1000m。常单独或少数几只在稻田或池塘、河坝附近活动。以小鱼、蛙类和昆虫为食，兼食植物种子。

保护现状：《中国生物多样性红色名录》（2021）评估为无危（LC）。

分布

辽宁，北京，河北，山东，河南，山西，陕西南部，内蒙古南部，云南，四川，贵州，湖北，湖南，安徽，江西，江苏，浙江，上海，福建，广东，香港，澳门，广西，海南，台湾。

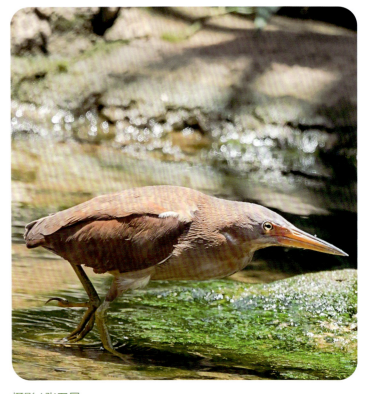

摄影 / 张卫民

八 鹈形目
PELECANIFORMES

39. 黑苇鳽

学　名：*Ixobrychus flavicollis*　　**英文名**：Black Bittern

形态特征：中等体型（49~64cm）的近黑色鳽。成年雄鸟通体青灰色（野外看似黑色），颈侧黄色，喉具黑色及黄色纵纹。雌鸟褐色较浓，下体白色较多。亚成鸟顶冠黑色，背及两翼羽端黄褐色或褐色鳞状纹。喙长而形如匕首，使其有别于色彩相似的其他鳽。虹膜红色或褐色；喙黄褐色；脚黑褐色而有变化。

生态习性：性羞怯。白天喜在森林及植物茂密缠结的沼泽地，夜晚觅食。营巢于水上方或沼泽上方的密林植被中。

保护现状：《中国生物多样性红色名录》（2021）评估为无危（LC）。

分布

北京，山东，河南南部，陕西南部，甘肃南部，云南西部、中南部，四川中部、西南部，贵州，湖北，湖南，安徽，江西，江苏，上海，浙江，福建，广东，香港，澳门，广西，海南，台湾。

摄影/曹　阳

40. 夜 鹭

学　名： *Nycticorax nycticorax*　**英文名：** Black-crowned Night-Heron

形态特征： 中等体型（58~65cm）、头大而粗壮的黑白色鹭。成鸟顶冠黑色，颈及胸白，枕部具两条白色丝状羽，背黑，两翼及尾灰色。亚成鸟虹膜黄色，成鸟鲜红。喙黑色；脚污黄色。

生态习性： 白天群栖于树上休息。黄昏时鸟群分散进食，发出深沉的呱呱叫声。取食于稻田、草地及水渠两旁。结群营巢于水上树枝，甚是喧哗。

保护现状：《中国生物多样性红色名录》（2021）评估为无危（LC）。

分 布

见于各省份。

摄影 / 匡中帆

41. 绿 鹭

学 名：*Butorides striata*　**英文名**：Green-backed Heron

形态特征：体小（35~48cm）的深灰色鹭。成鸟顶冠及松软的长冠羽闪着绿黑色光泽，一道黑色线从喙基部过眼下及脸颊延至枕后。两翼及尾青蓝色并具绿色光泽，羽缘黄色。腹部粉灰，颏白。虹膜黄色；喙黑色；脚偏绿色。

生态习性：性孤僻羞怯。喜栖于池塘、溪流及稻田，也栖于芦苇地、灌丛或红树林等有浓密植被覆盖的地方。结小群营巢。

保护现状：《中国生物多样性红色名录》（2021）评估为无危（LC）。

分 布

陕西，西藏，云南，四川，重庆，贵州，湖北，湖南，安徽，江西，江苏，上海，浙江，福建，广东，香港，广西，台湾。

摄影 / 匡中帆

42. 池　鹭

学　名：*Ardeola bacchus*　　**英文名**：Chinese Pond Heron

🦅 **形态特征**：体长40~50cm。翼白色、身体具褐色纵纹，成鸟（夏羽）头颈部深栗色，背被黑色发状蓑羽，肩羽赭褐，前胸具栗红、黑和赭褐相杂的矛状长羽，余部体羽白色。幼鸟头、颈和前胸满布黄色和黑色相间的纵纹，背羽赭褐色。虹膜褐色；冬季喙黄色；腿及脚绿灰色。

🌿 **生态习性**：栖于稻田或其他漫水地带，单独或成分散小群进食。每晚三两成群飞回群栖处，飞行时振翼缓慢，翼显短。与其他水鸟混群营巢。以青蛙、鱼、泥鳅为主食。

💚 **保护现状**：《中国生物多样性红色名录》（2021）评估为无危（LC）。

分 布

除黑龙江外，见于各省份。

摄影 / 匡中帆

43. 牛背鹭

学 名：*Bubulcus coromandus*　**英文名**：Cattle Egret

形态特征：体型略小（40~55cm）的白色鹭，喙呈黄色。繁殖羽体白，头、颈、胸和背上蓑羽橙黄色；冬羽：全身羽毛白色、头顶和后颈或多或少渲染黄色。与其他鹭的区别在于体型较粗壮，颈较短且头圆，喙较短厚。虹膜黄色；喙黄色；脚暗黄色至近黑色。

生态习性：与家畜及水牛关系密切，捕食家畜及水牛从草地上引来或惊起的苍蝇。傍晚小群列队低飞掠过有水地区回到夜栖地点，集群营巢于水上方。

保护现状：《中国生物多样性红色名录》（2021）评估为无危（LC）。

分 布

除宁夏、新疆外，见于各省份。

摄影 / 匡中帆

44. 苍 鹭

学 名：*Ardea cinerea*　**英文名**：Grey Heron

形态特征：体大（80~110cm）的白、灰及黑色鹭，为鹭类中体型最大者。喙长而尖，颈细长，脚长；体羽主要呈青灰色。成鸟贯眼纹及冠羽黑色，飞羽、翼角及两道胸斑黑色，头、颈、胸及背白色，颈具黑色纵纹，余部灰色。幼鸟的头及颈灰色较重，无黑色。虹膜黄色；喙黄绿色；脚黄褐色或深棕色。

生态习性：性孤僻，在浅水中捕食。冬季有时成大群。飞行时翼显沉重。喜停栖于树上。食物以鱼类为主。

保护现状：《中国生物多样性红色名录》（2021）评估为无危（LC）。

分 布

见于各省份。

摄影 / 匡中帆

45. 大白鹭

学 名: *Ardea alba*　**英文名:** Great Egret

形态特征: 体大（90~100cm）的白色鹭，为白色鹭类中体形最大者。喙较厚垂，颈部具特别的扭结。繁殖羽眼光裸露皮肤蓝绿色，后背部具丝状饰羽延过层，颈部下方和胸部也有较短的丝状饰羽，喙黑色，腿部裸露皮肤红色，跗跖黑色。非繁殖羽眼光裸露皮肤黄色，喙黄色尖端通常色深，跗跖和腿部黑色。

生态习性: 一般单独或成小群，在湿润或漫水的地带活动。站姿甚高直，从上方往下刺戳猎物。飞行优雅，振翅缓慢有力。

保护现状: 《中国生物多样性红色名录》（2021）评估为无危（LC）。

分 布

吉林，辽宁，北京，天津，河北，山东，河南，内蒙古东部，西藏南部，云南，贵州，湖北，湖南，安徽，江西，江苏，上海，浙江，福建，广东，香港，澳门，广西，海南，台湾。

摄影 / 匡中帆

46. 白　鹭

学　名：*Egretta garzetta*　**英文名**：Little Egret

形态特征：中等体型（54~68cm）的白色鹭，体态纤瘦而较小，全身羽毛纯白。繁殖羽纯白，枕部着生两枚带状长羽，垂于后颈，形若双辫；背和前胸均被蓑羽。与牛背鹭的区别在于体型较大而纤瘦，喙及腿黑色，趾黄色。虹膜黄色；脸部裸露皮肤黄绿色，繁殖期为淡粉色；喙黑色；腿及脚黑色，趾黄色。

生态习性：主要栖息于稻田、村寨附近的乔木林和竹林，喜在稻田、河岸、沙滩、泥滩及沿海小溪流中觅食。成散群进食，常与其他种类混群活动和营巢。食物以膜翅目的昆虫和虾、鱼、蛙等为主。

保护现状：《中国生物多样性红色名录》（2021）评估为无危（LC）。

分 布

见于各省份。

摄影 / 匡中帆

九

鸻形目
CHARADRIIFORMES

贵州习水鸟类

（十）鸻　科 Charadriidae

47. 长嘴剑鸻

学　名： *Charadrius placidus*　**英文名：** Long-billed Plover

形态特征： 体小（18~24cm）而健壮的黑、褐及白色鸻。略长的喙全黑，尾较剑鸻及金眶鸻更长，白色的翼上横纹不及剑鸻粗而明显。繁殖期体羽特征为具黑色的前顶横纹和全胸带，贯眼纹灰褐而非黑。跗跖暗黄色。虹膜褐色；腿及脚暗黄色。

生态习性： 喜栖于河边及沿海滩涂有较多砾石的地带。

保护现状：《中国生物多样性红色名录》（2021）评估为近危（NT）。

分布

除新疆外，见于各省份。

摄影 / 匡中帆

48. 金眶鸻

学　名：*Charadrius dubius*　　**英文名**：Little Ringed Plover

🍃 **形态特征**：体小（15~18cm）的黑、灰及白色鸻。喙短。与环颈鸻及马来沙鸻的区别在于具黑或褐色的全胸带，腿黄色。与剑鸻的区别在于黄色眼圈明显，翼上无横纹。成鸟黑色部分在亚成鸟时为褐色。飞行时翼上无白色横纹。虹膜褐色；喙灰色；腿黄色。

🍃 **生态习性**：通常出现在沿海溪流及河流的沙洲，也见于沼泽地带及沿海滩涂；有时见于内陆。

🍃 **保护现状**：《中国生物多样性红色名录》（2021）评估为无危（LC）。

分　布

见于各省份。

摄影 / 张卫民

49. 环颈鸻

学　名: *Charadrius alexandrinus*　　**英文名**: Kentish Plover

形态特征：体小（15~17cm）而喙短的褐色及白色鸻。腿黑色，飞行时具白色翼上横纹，尾羽外侧更白。雄鸟胸侧具黑色斑块；雌鸟此斑块为褐色无深色头顶前端纹，白色眉纹更宽。虹膜褐色；喙黑色；腿黑色。

生态习性：单独或成小群进食，常与其他涉禽混群于海滩或近海岸的多沙草地，也于沿海河流及沼泽地活动。

保护现状：《中国生物多样性红色名录》（2021）评估为无危（LC）。

分布

见于各省份。

摄影/郭　轩

（十一）鹬 科 Scolopacidae

50. 矶 鹬

学 名: *Actitis macularia*　　**英文名:** Common Sandpiper

形态特征： 体型较小（16~22cm）的褐色及白色鹬。喙短，性活跃，翼不及尾端。上体褐色，飞羽近黑色；下体白色，胸侧具褐灰色斑块。飞行时翼上具白色横纹，腰无白色，外侧尾羽无白色横斑。翼下具黑色及白色横纹。虹膜褐色；喙深灰色；脚浅橄榄绿色。

生态习性： 适应不同的栖息生境，从沿海滩涂、沙洲至海拔 1500m 的山地稻田及溪流、河流两岸均有分布。行走时头不停地点动并两翼僵直滑翔。

保护现状：《中国生物多样性红色名录》（2021）评估为无危（LC）。

分布

见于各省份。

摄影 / 匡中帆

51. 白腰草鹬

学　名：*Tringa ochropus*　**英文名**：Green Sandpiper

形态特征：体型中等（21~24cm），矮壮型，深绿褐色，腹部及臀白色。飞行时黑色的下翼、白色的腰部以及尾部的横斑极其明显。上体绿褐色杂白点；两翼及下背几乎全黑；尾白，端部具黑色横斑。飞行时脚伸至尾后。野外看黑白色非常明显。虹膜褐色；喙暗橄榄色；脚橄榄绿色。

生态习性：常单独活动，喜小水塘及池塘、沼泽地及沟壑。受惊时起飞，呈锯齿形飞行。

保护现状：《中国生物多样性红色名录》（2021）评估为无危（LC）。

分布：见于各省份。

摄影 / 张卫民

（十二）鸥　科 Laridae
52. 红嘴鸥

学　名: *larus ridibundus*　　**英文名**: Black-headed Gull

- **形态特征**：中等体型（36~42cm）的灰色及白色鸥。冬羽眼后具黑色点斑，眼周前黑色；背、腰和两翼表面灰色，尾上覆羽、尾羽及下体均纯白色；翼前缘白色，翼尖黑色，翼尖无或微具白色点斑。第一冬鸟尾部近尖端有黑色横带，身体羽毛夹杂褐色斑。繁殖羽头部具深褐色的头罩并伸至顶后至后颈。虹膜褐色，喙红色（亚成鸟的喙尖黑色），跗跖红色（亚成鸟的颜色较淡）。

- **生态习性**：停栖于水面的漂浮或柱子上，在水域内飞翔或在水中游弋，以鱼类、昆虫、蚯蚓等为食，有迁徙习性。

- **保护现状**：《中国生物多样性红色名录》（2021）评估为无危（LC）。

分布

见于各省份。

摄影 / 匡中帆

十

鸮形目
STRIGIFORMES

（十三）鸱鸮科 Strigidae
53. 领鸺鹠

学　名： *Glaucidium brodiei*　**英文名：** Collared Owlet

形态特征： 纤小（15~17cm）而多横斑的小型鸮类。羽色有褐色型和棕色型。后颈具棕黄色或皮黄色领斑；上体暗褐色具皮黄色横斑或呈棕红色，具黑褐色横斑；颏、下喉纯白，上喉具一杂有白色点斑的暗褐色或棕红色横斑，并一直延伸至颈侧；胸与上体同色，但中央纯白；腹部白色，具暗褐色或棕红色纵纹。眼黄色，无耳羽簇，大腿及臀白色具褐色纵纹。颈背有橘黄色和黑色的假眼。虹膜黄色；喙角质色；脚灰色。

生态习性： 见于针阔混交林和常绿阔叶林中。白天也活动觅食，能在阳光下自由飞翔。晚上常整夜鸣叫。食物以昆虫为主，有时也食鼠类及小鸟。

保护现状： 国家二级重点保护野生动物；《濒危野生动植物种国际贸易公约》中列入附录Ⅱ；《中国生物多样性红色名录》（2021）中评估为无危（LC）。

分布

河南南部，陕西南部，甘肃南部，西藏东南部，云南，四川，重庆，贵州，湖北，湖南，安徽，江西，江苏，上海，浙江，福建，广东，澳门，广西，海南，台湾。

摄影 / 张卫民

54. 斑头鸺鹠

学　名: *Glaucidium cuculoides*　**英文名**: Asian Barred Owlet

形态特征：体小（约22~26cm）而布满棕褐色横斑的褐色鸮。后颈无领斑；上体暗褐或棕褐，具皮黄色或棕黄色横斑；飞羽和尾羽暗褐，具黄白色横斑；颏白；喉具白斑；胸部褐色或棕褐色，具黄白色横斑；腹白，具褐色或棕褐色纵纹。无耳羽簇。虹膜黄褐色；喙偏绿而端黄色；脚绿黄色。

生态习性：多栖息于耕地边和居民点的乔木树上或电线上，有时也见于竹林中。多单独活动，白天也能见到。食性较广，包括昆虫、蛙类、蜥蜴类、小鸟及小型哺乳类。

保护现状：国家二级重点保护野生动物；《濒危野生动植物种国际贸易公约》中列入附录Ⅱ；《中国生物多样性红色名录》（2021）评估为无危（LC）。

分布

西藏东南部，海南，北京，河北，山东，河南，陕西，云南，四川，重庆，贵州，湖北，湖南，安徽，江西，江苏，上海，浙江，福建，广东，香港，澳门，广西。

摄影 / 匡中帆

鸮形目
STRIGIFORMES

55. 领角鸮

学　名： *Otus lettia*　**英文名：** Collared Scops Owl

形态特征： 体长（23~25cm）的较大偏灰色或偏褐色的角鸮。小型鸮类。颈基部有显著的翎领，上体羽毛灰褐色或沙褐色，并杂以暗色虫蠹纹和黑色羽干纹，前额及眉纹呈浅皮黄色或近白色；下体白色或皮黄色而缀以淡褐色波状横斑及黑褐色羽干纹。有些亚种披羽至趾，有的趾部裸出。颏和喉白色，上喉有一圈皱领，微沾棕色。虹膜黄色；喙角沾绿色；先端较暗；爪角黄色。

生态习性： 夜行性鸟类，白天大都躲藏在具浓密枝叶的树冠上，或其他阴暗的地方。夜晚常不断鸣叫。主要以鼠类、小鸟及大型昆虫为食。

保护现状： 国家二级重点保护野生动物；《濒危野生动植物种国际贸易公约》中列入附录Ⅱ；《中国生物多样性红色名录》（2021）评估为无危（LC）。

分布

河南，山西，云南，四川，重庆，贵州，湖北，湖南，安徽，江西，江苏，上海，浙江，福建，广东，香港，澳门，广西，台湾，西藏东南部，海南。

摄影 / 黄吉红

56. 红角鸮

学　名：*Otus sunia*　　**英文名**：Oriental Scops Owl

形态特征：体长 17~21cm 的小型鸮类。头上有耳簇羽，竖起时十分显著。两性相似，上体包括两翅及尾的表面灰褐色，满布黑褐色虫蠹状细斑，头顶至背部杂以棕白色斑点；尾羽与背部同色，有不完整的棕色横斑；面盘灰褐色，密杂以纤细黑色斑纹；眼先白色；颏棕白色，下体余部灰白。虹膜黄色；喙暗绿色，下喙先端近黄色；趾肉灰色，爪暗角色。

生态习性：常栖息在靠近水源的河谷森林里，白天潜伏于林中，不甚活动，也不鸣叫，直到夜间才出来活动，飞行迅速有力。食物以昆虫及其他无脊椎动物为主，也食两栖、爬行、小鸟和果实等。

保护现状：国家二级重点保护野生动物；《濒危野生动植物种国际贸易公约》中列入附录Ⅱ；《中国生物多样性红色名录》（2021）评估为无危（LC）。

分　布：除新疆、西藏、青海外，见于各省份。

摄影 / 李利伟

57. 灰林鸮

学　名： *Strix nivicolum*　　**英文名：** Tawny Owl

形态特征： 中等体型（37~40cm）的偏褐色的鸮，无耳羽簇。额至后颈黑色，具不规则的棕色斑点；上背至尾上覆羽呈暗褐色，羽缘橙棕色，并杂以黑褐色杂斑及纵纹。外侧肩羽和大覆羽具有大片棕白或白色斑，飞羽暗褐色。眼先和眼上方灰白，具黑褐色羽干纹和羽端，向后延伸为白色杂褐色的眉纹，面盘橙棕、暗褐、棕、白相杂，下喉部白色。虹膜深褐色；喙和脚黄色。

生态习性： 成对或单个活动，白天潜伏在阔叶林或针阔混交林中休息。夜行性，在树洞营巢。

保护现状： 国家二级重点保护野生动物；《濒危野生动植物种国际贸易公约》中列入附录Ⅱ；《中国生物多样性红色名录》（2021）均评估为近危（NT）。

分布

黑龙江，吉林，辽宁，北京，河北，山东，陕西，西藏东南部，云南，四川，重庆，贵州，湖北，湖南，安徽，江西，江苏，上海，浙江，福建，广东，香港，广西，台湾。

摄影 / 匡中帆

十一

鷹形目
ACCIPITRIFORMES

(十四)鹰 科 Accipitridae
58. 凤头蜂鹰

学 名：*Pernis ptilorhynchus*　**英文名**：Oriental Honey-Buzzard

形态特征：体型较大（55~65cm）的深色鹰。凤头或有或无。有浅色、中间色及深色型。上体由白至赤褐至深褐色，下体满布点斑及横纹，尾具不规则横纹。具浅色喉块，缘以浓密的黑色纵纹，并常具黑色中线。飞行时，头相对小而颈显长，两翼及尾均狭长。虹膜橘黄色；喙灰色；脚黄色。

生态习性：见于稀疏的针叶林及针叶阔叶混交林中。单独活动，飞行灵活，边飞边叫。主要捕食蜂类。

保护现状：国家二级重点保护野生动物；《濒危野生动植物种国际贸易公约》中列入附录Ⅱ；《中国生物多样性红色名录》（2021）均评估为近危（NT）。

分布

见于各省份。

摄影 / 程　立

59. 蛇　雕

学　名：*Spilornis cheela*　　**英文名**：Crested Serpent Eagle

形态特征：中等体型（50~75cm）的深色雕。翅长超过40cm；后枕部具短形冠羽；跗蹠裸露，前后缘具网状鳞。成鸟头顶黑色，上体几纯暗褐色；下体淡褐，满布暗褐色横纹，腹部具白色点斑；尾羽表面主要呈黑褐色，近端具一道宽阔的淡褐色带斑。黑白两色的冠羽短宽而蓬松，眼及喙间黄色的裸露部分是本种的特征。飞行时，尾部宽阔有白色横斑及白色的翼后缘。亚成鸟似成鸟但褐色较浓，体羽多白色。虹膜黄色；喙灰褐色；脚黄色。

生态习性：常于森林或人工林上空盘旋，成对互相召唤。常栖于森林中有阴的大树枝上或翱翔于空中，主要捕食蛇类及其他爬行动物，也捕食小型兽类和鸟类。

保护现状：国家二级重点保护野生动物；《濒危野生动植物种国际贸易公约》中列入附录Ⅱ；《中国生物多样性红色名录》（2021）均评估为近危（NT）。

分布

西藏东南部，云南西南部、南部，黑龙江，辽宁，北京，河南南部，陕西南部，四川，贵州，安徽，江西，江苏，浙江，福建，广东，香港，澳门，广西，海南，台湾。

摄影 / 张卫民

60. 鹰 雕

学 名: *Nisaetus nipalensis*　　**英文名**: Mountain Hawk Eagle

形态特征：体大（64~84cm），细长，腿被羽，翼甚宽，尾长而圆，具长冠羽。有深色及浅色型。深色型：上体褐色，具黑及白色纵纹及杂斑；尾红褐色有几道黑色横斑；颏、喉及胸白色，具黑色的喉中线及纵纹；下腹部、大腿及尾下棕色具白色横斑。浅色型：上体灰褐；下体偏白，有近黑色过眼线及髭纹。虹膜黄至褐色；喙偏黑色，蜡膜绿黄色；脚黄色。

生态习性：喜森林及开阔林地。从栖处或飞行中捕猎。

保护现状：国家二级重点保护野生动物；《濒危野生动植物种国际贸易公约》中列入附录Ⅱ；《中国生物多样性红色名录》（2021）均评估为近危（NT）。

分布

陕西，甘肃，西藏南部、东南部，云南西部，四川，重庆，贵州，湖北，安徽，江西，江苏，浙江，福建，广东，香港，广西，海南，台湾。

摄影 / 李利伟

61. 凤头鹰

学　名：*Accipiter trivirgatus*　　**英文名**：Crested Goshawk

形态特征：体大（40~48cm）的强健鹰类。具短羽冠。成年雄鸟上体灰褐，两翼及尾具横斑，下体棕色，胸部具白色纵纹，腹部及大腿白色具近黑色粗横斑，颈白，有近黑色纵纹至喉，具两道黑色髭纹。亚成鸟及雌鸟似成年雄鸟但下体纵纹及横斑均为褐色，上体褐色较淡。飞行时两翼显得比其他同属鹰类较为短圆。虹膜褐色至成鸟的绿黄色；喙灰色，蜡膜黄色；腿及脚黄色。

生态习性：栖于有密林覆盖处。繁殖期常在森林上空翱翔，同时发出响亮的叫声。

保护现状：国家二级重点保护野生动物；《濒危野生动植物种国际贸易公约》中列入附录Ⅱ；《中国生物多样性红色名录》（2021）均评估为近危（NT）。

分布

北京，河南，陕西南部，西藏南部，云南，四川，重庆，贵州，湖北，湖南，安徽，江西，江苏，上海，浙江，福建，广东，香港，澳门，广西，海南，台湾。

摄影 / 张卫民

十一 鹰形目
ACCIPITRIFORMES

62. 赤腹鹰

学 名： *Accipiter soloensis*　　**英文名：** Chinese Sparrowhawk

形态特征： 中等体型（25~35cm）的鹰类。下体色甚浅。成鸟上体淡蓝灰，背部羽尖略具白色，外侧尾羽具不明显黑色横斑，下体白，胸及两胁略沾粉色，两胁具浅灰色横纹，腿上也略具横纹。成鸟翼下除初级飞羽羽端呈黑色外，几乎全白。亚成鸟上体褐色，尾具深色横斑，下体白，喉具纵纹，胸部及腿上具褐色横斑。虹膜红或褐色；喙灰色，端黑，蜡膜橘黄色；脚橘黄色。

生态习性： 常栖息于阔叶林、针阔混交林的林缘带，常停留在高大的乔木顶端，以蛙、蜥蜴、大型昆虫和小型鸟类为食。

保护现状： 国家二级重点保护野生动物；《濒危野生动植物种国际贸易公约》中列入附录Ⅱ；《中国生物多样性红色名录》（2021）评估为无危（LC）。

分 布

辽宁，北京，天津，河北，山东，河南，山西，陕西，甘肃，云南中部，四川，重庆，贵州，湖北，湖南，安徽，江西，江苏，上海，浙江，福建，广东，香港，澳门，广西，海南，台湾。

摄影／郭 轩

63. 日本松雀鹰

学　名：*Accipiter gularis*　**英文名**：Japanese Sparrow Hawk

形态特征：体小（23~30cm）的鹰。成年雄鸟上体深灰，尾灰并具几条深色带，胸浅棕色，腹部具非常细羽干纹，无明显的髭纹。雌鸟上体褐色，下体少棕色但具浓密的褐色横斑。亚成鸟胸具纵纹而非横斑，多棕色。虹膜黄（亚成鸟）至红色（成鸟）；喙蓝灰色，端黑，蜡膜绿黄色；脚绿黄色。

生态习性：振翼迅速，结群迁徙。单独活动，栖息于山地针叶、阔叶混交林或稀疏林间的灌木丛中的。

保护现状：国家二级重点保护野生动物；《濒危野生动植物种国际贸易公约》中列入附录Ⅱ；《中国生物多样性红色名录》（2021）评估为无危（LC）。

分布

黑龙江，吉林，辽宁，北京，天津，河北，山东，河南，内蒙古中部，宁夏，甘肃，新疆，四川，重庆，贵州，湖北，湖南，安徽，江西，江苏，上海，浙江，福建，广东，香港，澳门，广西，海南，台湾。

摄影/郭　轩

64. 雀 鹰

学 名: *Accipiter nisus*　**英文名**: Eurasian Sparrow Hawk

形态特征：中等体型（30~40cm）且翼短的鹰。上体暗褐，头无冠羽。颈、喉散布褐色纤细纵纹，无粗著的中央喉纹；下体满布棕褐色或棕红色波形横斑，尾具横带。脸颊棕色。雌鸟体型较大，上体褐，下体白，胸、腹部及腿上具灰褐色横斑，无喉中线，脸颊棕色较少。亚成鸟胸部具褐色横斑。虹膜艳黄色；喙角质色，端黑；脚黄色。

生态习性：常单独活动，在山地疏林或较开阔地上空飞翔。从栖处或"伏击"飞行中捕食，喜林缘或开阔林区。食物主要为小型动物及昆虫。

保护现状：国家二级重点保护野生动物；《濒危野生动植物种国际贸易公约》中列入附录Ⅱ；《中国生物多样性红色名录》（2021）评估为无危（LC）。

分布：除西藏、青海外，见于各省份。

摄影/郭 轩

65. 苍 鹰

学 名：*Accipiter gentilis*　**英文名**：Northern Goshawk

形态特征：体大（47~59cm）而强健的鹰。无冠羽或喉中线，具白色的宽眉纹。成鸟下体白色，具粉褐色横斑，上体青灰。幼鸟上体褐色浓重，羽缘色浅成鳞状纹，下体具偏黑色粗纵纹。虹膜成鸟红色，幼鸟黄色；喙角质灰色；脚黄色。

生态习性：苍鹰两翼宽圆，能快速翻转转身。主要食物为鸽类，但也捕食雉类等其他鸟类及哺乳动物，如野兔等。

保护现状：国家二级重点保护野生动物；《濒危野生动植物种国际贸易公约》中列入附录Ⅱ；《中国生物多样性红色名录》（2021）评估为近危（NT）。

分布：除台湾地区外，见于各省份。

摄影 / 李利伟

66. 白尾鹞

学 名：*Circus cyaneus*　　**英文名**：Hen Harrier

形态特征：体长 48~58cm，中型深色鹞。具显眼的白色腰部及黑色翼尖。雌鸟褐色，于领环色浅，头部色彩平淡且翼下覆羽无赤褐色横斑于深色的后翼缘延伸至翼尖，次级飞羽色浅，上胸具纵纹。幼鸟于两翼较短而宽，翼尖较圆钝。虹膜浅褐色；喙灰色；脚黄色。

生态习性：喜开阔原野、草地及农耕地。飞行缓慢而沉重。

保护现状：国家二级重点保护野生动物；《濒危野生动植物种国际贸易公约》中列入附录Ⅱ；《中国生物多样性红色名录》（2021）评估为近危（NT）。

分 布

见于各省份。

摄影 / 郭 轩

67. 黑 鸢

学　名：*Milvus migrans*　　**英文名**：Black Kite

形态特征：中等体型（55~65cm）的深褐色猛禽。尾略分叉，飞羽基部白色，形成翅下明显斑块，飞翔时尤为显著；浅叉型尾为本种识别特征。头有时比背色浅。亚成鸟头及下体具皮黄色纵纹。虹膜棕色；喙灰色，蜡膜黄色；脚黄色。

生态习性：喜开阔的乡村、城镇及村庄。优雅盘旋或作缓慢振翅飞行。栖于柱子、电塔、电线、建筑物或地面，在垃圾堆或水面找食腐物，常在空中进食。

保护现状：国家二级重点保护野生动物；《濒危野生动植物种国际贸易公约》中列入附录Ⅱ；《中国生物多样性红色名录》（2021）评估为无危（LC）。

分布：见于各省份。

摄影 / 张卫民

十一 鹰形目
ACCIPITRIFORMES

68. 灰脸鵟鹰

学 名: *Butastur indicus*　**英文名**: Grey-faced Buzzard

形态特征：体长39~48cm，颈、喉部白色明显，具黑色的喉中线和髭纹。头近黑色，上体暗褐，并具暗色纤细羽干纹，后颈羽基白色显露；翼上覆羽棕褐带栗色；飞羽栗褐色；尾上覆羽白而具暗褐色横斑；尾羽灰褐，具黑褐色宽阔横斑；眼先白，颊灰色。腋羽色与腹部的相同，但横斑较疏；尾下覆羽纯白。虹膜黄色；喙黑褐色，蜡膜和喙基灰黄色；跗跖及趾黄色，爪黑色。

生态习性：见于山地林边或空旷田野，飞行缓慢而沉重，单独飞翔觅食。

保护现状：国家二级重点保护野生动物；《濒危野生动植物种国际贸易公约》中列入附录Ⅱ；《中国生物多样性红色名录》（2021）评估为无危（NT）。

分 布

除新疆、西藏，见于各省份。

摄影 / 匡中帆

093

贵州习水鸟类

69. 普通𫛭

学　名：*Buteo japonicus*　**英文名**：Eastern Buzzard

形态特征：体型略大（50~60cm）的棕色𫛭。跗跖下部裸露，不被羽至趾基。羽色变化较大，有多种色型。脸侧皮黄具近红色细纹，栗色的髭纹显著；下体偏白上具棕色纵纹，两胁及大腿沾棕色。飞行时两翼宽而圆，初级飞羽基部具特征性白色块斑。尾近端处常具黑色横纹。虹膜黄色至褐色；喙灰色，端黑，蜡膜黄色；脚黄色。

生态习性：喜开阔原野且在空中热气流上高高翱翔，常单独翱翔于高空中，伺机捕食野兔、鼠类、小鸟、蛇、蜥蜴和蛙类，也盗食家禽。在裸露树枝上歇息。

保护现状：国家二级重点保护野生动物；《濒危野生动植物种国际贸易公约》中列入附录Ⅱ；《中国生物多样性红色名录》（2021）评估为无危（LC）。

分　布

见于各省份。

摄影 / 匡中帆

十二 咬鹃目
TROGONIFORMES

（十五）咬鹃科 Trogonidae

70. 红头咬鹃

学　名：*Harpactes erythrocephalus*　　**英文名**：Red-headed Trogon

形态特征：体长31~35cm，腹部红色。雄鸟：头上部及两侧暗赤红色；背及两肩棕褐色，胸部红色并具狭窄的白色月牙斑。腰及尾上覆羽棕栗色。翼上小覆羽与背同色；初级覆羽灰黑色；翅余部黑色；颏淡黑色；喉至胸由亮赤红至暗赤红色。雌鸟：头、颈和胸为橄榄褐色；腹部为比雄鸟略淡的红色；翼上的白色虫蠹状纹转为淡棕色。虹膜淡黄色；喙黑色；脚淡褐色。

生态习性：生活于热带雨林，特别是次生密林中，单独或成对活动；树栖性，飞行力较差，虽快但不远，叫声有点像支离的猫叫声，一般似"shiu"的三声断续，冲击捕虫时或惊恐时也常发出似"krak"的噪声，但平时甚静。

保护现状：国家二级重点保护野生动物；《中国生物多样性红色名录》（2021）评估为近危（NT）。

分布：西藏东南部，云南，四川南部，贵州，湖北，江西，福建中、西北部，广东北部，广西北部，海南。

摄影/匡中帆

十三

犀鸟目
BUCEROTIFORMES

（十六）戴胜科 Upupidae

71. 戴 胜

学 名：*Upupa epops*　**英文名**：Common Hoopoe

- **形态特征**：体长 25~31cm。喙细而长，并向下弯曲；体羽大都棕色，头顶具一大而明显的扇形羽冠；两翅和尾黑色而具白色或棕色、横斑。虹膜褐色；喙黑色；脚黑色。

- **生态习性**：性活泼，喜开阔潮湿地面，长长的喙在地面翻动寻找食物。受惊时冠羽立起，起飞后松懈下来。常单独或成对活动于居民点附近的荒地和田园中的地上，在地面觅食。

- **保护现状**：《中国生物多样性红色名录》（2021）评估为无危（LC）。

分 布

见于各省份。

摄影 / 李 毅

十四

佛法僧目
CORACIIFORMES

（十七）佛法僧科 Coraciidae

72. 三宝鸟

学 名：*Eurystomus orientalis*　**英文名**：Oriental Dollarbird

形态特征：体长26~32cm。通体暗蓝灰色，但喉为亮蓝色；头大，呈黑色；飞羽紫蓝，具一大型浅蓝色翼斑，飞行时十分明显；尾羽黑褐色，闪紫色光泽。虹膜褐色；喙珊瑚红色，端黑；脚橘黄色至红色。

生态习性：为林栖鸟类，尤其多见于林间开垦地中，栖息于近树顶的分枝上，有时也见于山麓田坝的高树上。食物主要为昆虫。

保护现状：《中国生物多样性红色名录》（2021）评估为无危（LC）。

分 布

除新疆、西藏、青海外，见于各省份。

摄影/郭　轩

（十八）翠鸟科 Alcedinidae
73. 普通翠鸟

形态特征： 体长 15~17cm，上体浅蓝绿色并泛金属光泽，颈侧具白色点斑，下体橙棕色，颈部白色。幼鸟体色暗淡，具深色胸带。虹膜褐色；喙黑色（雄鸟），下颚橘黄色（雌鸟）；脚红色。

生态习性： 常见单独停息在江河、溪流、湖泊及池塘岸边的树枝及岩石上，也见于稻田边。等待食物时，一见鱼虾等，即迅猛直扑水中，用喙捕取。主要以小鱼、小虾、甲壳类及水生昆虫等动物性食物为食。

保护现状：《中国生物多样性红色名录》（2021）评估为无危（LC）。

分 布

见于各省份。

摄影 / 匡中帆

74. 冠鱼狗

学 名: *Megaceryle lugubris*　**英文名**: Crested Kingfisher

形态特征：体型非常大（37~42cm）的鱼狗。冠羽发达，上体青黑并多具白色横斑和斑点，蓬起的冠羽也如是。大块的白斑由颊区延至颈侧，下有黑色髭纹。下体白色，具黑色的胸部斑纹，两胁具皮黄色横斑。雄鸟翼线白色，雌鸟黄棕色。虹膜褐色；喙黑色；脚黑色。

生态习性：多见于流速快、多砾石的清澈河流边。栖于大块岩石上。飞行慢而有力且不盘飞。

保护现状：《中国生物多样性红色名录》（2021）评估为无危（LC）。

分布

吉林，辽宁，北京，天津，河北，山东，河南，山西，陕西，内蒙古东部，宁夏，甘肃，云南，四川，重庆，贵州，湖北，湖南，安徽，江西，江苏，浙江，福建，广东，香港，广西，海南。

摄影/匡中帆

75. 蓝翡翠

学　名：*Halcyon pileata*　　**英文名**：Black-capped Kingfisher

形态特征：体长（26~31cm）的蓝色、白色及黑色翡翠鸟。喙红；头顶、颈及头侧黑色，后颈具一白色领环；上体呈深蓝色，翅上覆羽及飞羽端部黑色；初级飞羽基部白或浅蓝，飞行时显露明显的翼斑；颏、喉、胸及颈侧白色，下体余部锈红色。虹膜深褐色；喙红色；脚红色。

生态习性：多见单独活动于江河、溪流、湖泊、水塘及稻田边，常停息于电线上。以鱼、虾、水生昆虫为食。

保护现状：《中国生物多样性红色名录》（2021）评估为无危（LC）。

分 布

除新疆、西藏、青海外，见于各省份。

摄影 / 匡中帆

十五

啄木鸟目
PICIFORMES

（十九）拟啄木鸟科 Megalaimidae
76. 大拟啄木鸟

学　名：*Psilopogon virens*　　**英文名**：Great Barbet

形态特征：体长约 30~35cm。头及喉蓝绿，翕羽暗绿褐色；上体余部绿色；上胸暗褐，下胸及腹部中央蓝色；胸侧及腹侧呈暗黄绿褐色，羽缘黄绿色，形成条纹状；尾下覆羽红色。虹膜褐色；喙浅黄色至褐色，端黑；脚灰色。

生态习性：喜单独栖息于阔叶乔木林中，也见于针阔混交林中，常停息在树上，鸣叫不已，叫声似"go-o，go-o"，单调而洪亮。杂食性，以种子、坚果、浆果和昆虫为食。

保护现状：《中国生物多样性红色名录》（2021）评估为无危（LC）。

分　布

西藏南部，陕西，云南，四川中部，重庆，贵州，湖北，湖南，安徽，江西，江苏，上海，浙江，福建，广东，香港，广西。

摄影 / 匡中帆

77. 黑眉拟啄木鸟

学　名：*Psilopogon faber*　**英文名**：Chinese Barbet

形态特征：体长 20~22cm 的绿色拟啄木鸟。喉黄色，颈有一天蓝色环带，前颈颜色较浓。眼先有一红点。成鸟额、头顶黑色，后颈血红色，耳羽天蓝色，翕、背、腰、尾上覆羽、尾羽深绿色；最内侧次级飞羽的内羽片白色。颏和前喉金黄色，后喉为天蓝色，前颈和后颈一样，为血红色；胸、腹、胁、两侧、尾下覆羽为浅绿色。虹膜暗红褐色；喙铅黑色，上喙基部黄色；脚暗灰色。

生态习性：丛林鸟类，多在树上活动，叫声如"咯咯咯"。其鸣叫常连续而洪亮。只作短距离飞行。单独或成群在树上活动。食物主要为野果，也吃少量昆虫。

保护现状：《中国生物多样性红色名录》（2021）评估为无危（LC）。

分布：贵州，江西，福建，广东，广西，海南。

摄影 / 匡中帆

（二十）啄木鸟科 Picidae

78. 蚁䴕

学　名：*Jynx torquilla*　　**英文名**：Eurasian Wryneck

形态特征：体小（16~19cm）的灰褐色啄木鸟。体羽斑驳杂乱，下体具小横斑。喙相对形短，呈圆锥形。就啄木鸟而言其尾较长，具不明显的横斑。虹膜淡褐；喙角质色；脚褐色。

生态习性：栖于树枝而不攀树，也不啄击树干取食，喜栖于灌丛。觅食地面的蚂蚁。

保护现状：《中国生物多样性红色名录》（2021）评估为无危（LC）。

分布

见于各省份。

摄影 / 黄吉红

贵州习水鸟类

79. 斑姬啄木鸟

学 名：*Picumnus innominatus*　**英文名**：Speckled Piculet

形态特征：体型纤小（9~10cm）、橄榄色的背似山雀型啄木鸟。尾羽短，中央尾羽内侧白色，形成白色纵纹；眉纹和颊纹白色；下体奶黄色，散布黑色斑点。雄鸟前额橘黄色。虹膜红色；喙近黑；脚灰色。

生态习性：栖于低山混合林的枯树或树枝上，尤喜竹林。觅食时持续发出轻微的叩击声。啄食树干和竹子上的昆虫，食物以昆虫为主。

保护现状：《中国生物多样性红色名录》（2021）评估为无危（LC）。

分 布

西藏东部，山东，河南南部，山西南部，陕西南部，甘肃南部，云南，四川南部，重庆，贵州，湖北，湖南，安徽，江西，江苏，上海，浙江，福建，广东，香港，广西。

摄影 / 匡中帆

80. 黄嘴栗啄木鸟

学 名： *Blythipicus pyrrhotis*　**英文名：** Bay Woodpecker

形态特征： 体型略大（25~32cm）的啄木鸟。上体棕色而具宽阔的黑色横斑，呈棕色和黑色相间的带斑状；雄鸟枕部和后颈朱红色，形成半圆形领斑。雌鸟无此红色领斑。虹膜红褐；喙淡绿黄色；脚褐黑。

生态习性： 多见单独或成对活动于阔叶林中的乔木上，有时也见于枯树上，鸣叫声嘈杂，频率较快，音节较多。

保护现状：《中国生物多样性红色名录》（2021）评估为无危（LC）。

分布

西藏东南部，云南，四川，贵州，湖北，湖南，江西，浙江，福建，广东，香港，广西，海南。

摄影 / 匡中帆

81. 灰头绿啄木鸟

学 名：*Picus canus* **英文名**：Grey-headed Woodpecker

形态特征：中等体型（26~31cm）的绿色啄木鸟。上体绿色；飞羽及尾羽均黑色，飞羽具白色横斑；下体橄榄绿或灰绿色，无斑纹；头侧灰色；黑色颧纹明显；雄鸟头顶前部红色，后部及枕部灰色而具黑色条纹，在后颈形成斑块；雌鸟整个头顶及枕部均灰色，具黑色条纹。虹膜红褐；喙近灰；脚蓝灰。

生态习性：常活动于小片林地及林缘，亦见于大片林地。有时下至地面寻食蚂蚁或喝水。取食树的高度主要集中在 0~4 m。

保护现状：《中国生物多样性红色名录》（2021）评估为无危（LC）。

分 布

见于各省份。

摄影 / 匡中帆

82. 星头啄木鸟

学　名：*Picoides canicapillus*　**英文名**：Grey-capped Pygmy Woodpecker

- **形态特征**：体小（14~17cm）具黑白色条纹。头顶深灰，后枕黑色，宽阔的白色眉纹从眼后延伸至枕侧；上体具黑白相间的横斑；下体浅棕黄色，具黑色纵纹，无红色斑块。雄鸟后枕两侧具一簇红色短羽。背白具黑斑。虹膜淡褐；喙灰色；脚绿灰色。

- **生态习性**：见于阔叶林、混交林及针叶林等多种类型的森林中，有时也见于坝区或村镇边的林地及乔木上，多见单独活动，有时也成对或结小群活动。食物几乎全为昆虫。

- **保护现状**：《中国生物多样性红色名录》（2021）评估为无危（LC）。

分布：除新疆、青海、西藏外，见于各省份。

摄影 / 匡中帆

83. 棕腹啄木鸟

学　名：*Dendrocopos hyperythrus*　　英文名：Rufous-bellied Woodpecker

形态特征： 中等体型（19~23cm）、色彩浓艳的啄木鸟。背、两翼及尾黑，上具成排的白点；头侧及下体浓赤褐色；臀红色。雄鸟顶冠及枕红色。雌鸟顶冠黑而具白点。亚种 *marshalli* 枕部红色延至耳羽后；指名亚种较其他两亚种下体多黄棕色。虹膜褐色；喙灰而端黑；脚灰色。

生态习性： 喜在针叶林或混交林活动。

保护现状：《中国生物多样性红色名录》（2021）评估为无危（LC）。

分 布

黑龙江，吉林，辽宁，北京，天津，河北，山东，河南，山西，陕西，内蒙古东部，云南，四川，贵州，湖北，湖南，安徽，江西，江苏，上海，浙江，香港，广西。

摄影 / 张卫民

84. 大斑啄木鸟

学 名: *Dendrocopos major*　**英文名**: Great Spotted Woodpecker

形态特征：体型中等（20~25cm）黑白相间的啄木鸟。上体黑色，肩羽白色形成大型白斑；飞羽及外侧尾羽具白斑；前额及颊棕白；颏、喉、胸及上腹浅棕褐或朱古力褐色，无纵纹，胸侧具一大的黑色斑块；下腹及尾下覆羽红色。雄鸟枕部具狭窄红色带而雌鸟无。虹膜近红；喙灰色；脚灰色。

生态习性：凿树洞营巢，吃食昆虫及树皮下的蛴螬。多见单独活动于山地和平坝区的果园、树丛及森林中。

保护现状：《中国生物多样性红色名录》（2021）评估为无危（LC）。

分 布

见于各省份。

摄影 / 匡中帆

十六 FALCONIFORMES
隼形目

（二十一）隼科 Falconidae

85. 红隼

学名：*Falco tinnunculus* **英文名**：Common Kestrel

形态特征：体小（31~38cm）的赤褐色隼。雄鸟头顶至后颈灰，并具黑色条纹；背羽砖红色，满布黑色粗斑；尾羽青灰色，具宽阔的黑色次端斑及棕白色端缘，外侧尾羽较中央尾羽甚短，呈凸尾型。雌鸟上体砖红色，头顶满布黑色纵纹，背具黑色横斑，爪黑色。雌雄鸟胸和腹均淡棕黄色，具黑色纵纹和斑点。亚成鸟：似雌鸟，但纵纹较重。虹膜褐色；喙灰而端黑，蜡膜黄色；脚黄色。

生态习性：捕食时懒散地盘旋或文斯不动地停在空中。俯冲猛扑猎物，常从地面捕捉猎物。喜开阔原野，停栖在柱子、电线或枯树上。

保护现状：国家二级重点保护野生动物；《濒危野生动植物种国际贸易公约》中列入附录Ⅱ；《中国生物多样性红色名录》（2021）评估为无危（LC）。

分布

见于各省份。

摄影 / 匡中帆

86. 燕 隼

学 名: *Falco subbuteo*　**英文名**: Eurasian Hobby

形态特征：体小（29~35cm）的黑白色隼。翼长，腿及臀棕色，上体深灰，胸乳白而具黑色纵纹。雌鸟体型比雄鸟大而多褐色，腿及尾下覆羽细纹较多。虹膜褐色；喙灰色，蜡膜黄色；脚黄色。

生态习性：于飞行中捕捉昆虫及鸟类，飞行迅速，喜海拔2000m以下的开阔地及有林地带。

保护现状：国家二级重点保护野生动物；《濒危野生动植物种国际贸易公约》中列入附录Ⅱ；《中国生物多样性红色名录》（2021）均评估为近危（NT）。

分 布

见于各省份。

摄影/李 毅

87. 游 隼

学 名: *Falco peregrinus*　　**英文名**: Peregrine Falcon

形态特征：体大（41~50cm）而强壮的深色隼。成鸟头顶及脸颊近黑或具黑色条纹；上体深灰具黑色点斑及横纹；下体白，胸具黑色纵纹，腹部、腿及尾下多具黑色横斑。雌鸟比雄鸟体大。亚成鸟褐色浓重，腹部具纵纹。各亚种在深色部位上有异。虹膜黑色；喙灰色，蜡膜黄色；腿及脚黄色。

生态习性：常成对活动。飞行甚快，并从高空呈螺旋状而下猛扑猎物。为世界上飞行最快的鸟种之一，有时作特技飞行。在悬崖上筑巢。

保护现状：国家二级重点保护野生动物；《濒危野生动植物种国际贸易公约》中列入附录I；《中国生物多样性红色名录》（2021）均评估为近危（NT）。

分 布

除西藏外，见于各省份。

摄影 / 李 毅

十七

雀形目
PASSERIFORMES

（二十二）黄鹂科 Oriolidae
88. 黑枕黄鹂

学　名：*Oriolus chinensis*　**英文名**：Black-naped Oriole

形态特征：中等体型（23~28cm）的黄色及黑色鹂。通体大多为黄色或黄绿色，后枕部具黑色环带；翅和尾羽主要呈黑色。雌鸟色较暗淡，背橄榄黄色。亚成鸟背部橄榄色，下体近白而具黑色纵纹。虹膜红色；喙粉红色；脚近黑。

生态习性：栖于开阔林、人工林、园林、村庄及红树林。成对或以家族为群活动。常留在树上但有时下至低处捕食昆虫。飞行呈波状，振翼幅度大，缓慢而有力。喜鸣叫，雄鸟叫声洪亮动听。

保护现状：《中国生物多样性红色名录》(2021) 评估为无危 (LC)。

分布

除新疆、西藏、青海外，见于各省份。

摄影 / 郭　轩

（二十三）莺雀科 Vireonidae

89. 红翅鵙鹛

学　名：*Pteruthius aeralatus*　　**英文名**：Blyth's Shrike Babbler

形态特征：中等体型（14~18cm）的鵙鹛。雄鸟头黑，眉纹白；上背及背灰；尾黑；两翼黑，初级飞羽羽端白，三级飞羽金黄和橘黄；下体灰白。雌鸟色暗，下体皮黄，头近灰，翼上少鲜艳色彩。虹膜灰蓝；上喙蓝黑，下喙灰；脚粉白。

生态习性：成对或混群活动，在林冠层上下穿行捕食昆虫。在小树枝上侧身移动仔细地寻觅食物。

保护现状：《中国生物多样性红色名录》（2021）评估为无危（LC）。

分布

西藏南部、东南部，云南，四川，重庆，贵州南部，湖南，江西东北部，浙江，福建，广东，海南。

摄影 / 张卫民

90. 淡绿䴗鹛

学　名：*Pteruthius xanthochlorus*　　**英文名**：Green Shrike Babbler

形态特征：体小（12~13cm）的橄榄绿色䴗鹛。雄鸟头和颈部暗蓝灰色，眼先近黑色，眼圈白色；上体灰绿色；小覆羽、大覆羽和初级覆羽为褐色，但边缘及末端浅黄绿色近似灰白色；飞羽尾羽褐色。颏、喉部和胸浅灰白色，两胁橄榄绿色，腹部灰黄色。雌鸟与雄鸟相似，但头顶褐灰色，两胁到腹部橄榄黄色，腹部中央灰黄色。虹膜灰褐；喙蓝灰色，喙端黑色；脚灰色。

生态习性：常在较密的森林深处，活动在较高的树枝间，行动缓慢，好隐蔽。常与山雀、鹛及柳莺混群。以昆虫、浆果及种子等为食。

保护现状：《中国生物多样性红色名录》（2021）评估为近危（NT）。

分　布

西藏东南部，陕西南部，甘肃东南部，云南西部，四川，重庆，贵州，湖南，安徽。

摄影/郭　轩

（二十四）山椒鸟科 Campephagidae

91. 灰喉山椒鸟

学　名：*Pericrocotus solaris*　　**英文名**：Grey-chinned Minvet

形态特征：体小（17~19cm）的红或黄色山椒鸟。雄鸟头顶至上背石板黑色；下背至尾上覆羽橙红色；喉灰白色、浅灰色或略沾红色，下体余部橙红色；翅黑色，具红色翅斑。雌鸟头部至上背暗石板灰色；下背至尾上覆羽橄榄黄色；翅和尾与雄鸟同，但红色部分代以黄色；颊和耳羽浅灰色；喉部近白或染以黄色；下体余部鲜黄色。虹膜深褐；喙及脚黑色。

生态习性：栖息于阔叶林、针叶林和针阔混交林以及茶园。一般结小群活动，繁殖季节成对活动。以昆虫等动物性食物为食。

保护现状：《中国生物多样性红色名录》（2021）评估为无危（LC）。

分布

西藏东南部，云南，四川，重庆，贵州，湖北，湖南中部、南部，安徽，江西，浙江，福建，广东，香港，广西，海南，台湾。

摄影 / 匡中帆

92. 短嘴山椒鸟

学　名：*Pericrocotus brevirostris*　　**英文名**：Short-billed Minivet

形态特征：中等体型（19~20cm）的黑色山椒鸟。具红色或黄色斑纹。红色雄鸟甚艳丽，体型较细小，尾较长。雌鸟与灰喉山椒鸟及长尾山椒鸟的区别在于额部呈鲜艳黄色，与赤红山椒鸟的区别在于翼部斑纹较简单。虹膜褐色；喙黑色；脚黑色。

生态习性：多成对活动，在与长尾山椒鸟同时出现的地区一般比长尾山椒鸟少见。以昆虫等动物性食物为食。

保护现状：《中国生物多样性红色名录》（2021）评估为无危（LC）。

分布

西藏东南部，云南，四川，贵州，广东北部，广西中部，海南。

摄影 / 张卫民

93. 长尾山椒鸟

学　名： *Pericrocotus ethologus*　**英文名：** Long-tailed Minivet

形态特征： 体长18~20cm，雄鸟自头至背亮黑色；喉亦黑色；下背至尾上覆羽以及下体赤红色；翅黑色，具朱红色翼斑；尾黑色。雌鸟额基和眼前上方微黄；头顶和颈暗褐灰色或灰褐色；背沾黄绿色；腰和尾上覆羽橄榄绿黄色；翅褐黑色，具黄色翼斑；尾羽黄色；颊和耳羽灰色；颏黄白色；余下体黄色。虹膜暗褐；喙和脚均黑。

生态习性： 集大群活动，性嘈杂。栖息于多种植被类型的生境中，如阔叶林、杂木林、混交林、针叶林。杂食性。

保护现状：《中国生物多样性红色名录》（2021）评估为无危（LC）。

分布

北京，河北北部，山东，河南，山西，陕西南部，内蒙古，宁夏，甘肃南部，青海东南部，云南，四川，贵州北部，湖北，湖南，广西，台湾，西藏南部。

摄影 / 郭　轩　张卫民

十七 雀形目
PASSERIFORMES

94. 灰山椒鸟

学　名: *Pericrocotus divaricatus*　　**英文名**: Ashy Minivet

形态特征：中等体型（18~21cm）的黑、灰、白色山椒鸟。与小灰山椒鸟的区别在于眼先黑色。与暗灰鹃鵙的区别在于下体白色，腰灰色。雄鸟顶冠、过眼纹及飞羽黑色，上体余部灰色，下体白色。雌鸟色浅而多灰色。虹膜褐色；喙及脚黑色。

生态习性：在树冠层中捕食昆虫。飞行时不如其他色彩艳丽的山椒鸟易见。可形成多至15只的小群。

保护现状：《中国生物多样性红色名录》（2021）评估为无危（LC）。

分布

黑龙江，吉林，辽宁，北京，天津，河北，山东，河南，山西，内蒙古东北部，甘肃，云南，四川，贵州，湖北，湖南，安徽，江西，江苏，上海，浙江，福建，广东，香港，广西，海南，台湾。

摄影 / 郭　轩

95. 小灰山椒鸟

学　名: *Pericrocotus cantonensis*　**英文名**: Swinhoe's Minivet

形态特征：体小（18~19cm）的黑、灰及白色山椒鸟。前额明显白色，与灰山椒鸟的区别在于腰、两肋及尾上覆羽浅皮黄色，颈背灰色较浓，通常具醒目的白色翼斑。雌鸟似雄鸟，但褐色较浓，有时无白色翼斑。虹膜褐色；喙黑色；脚黑色。

生态习性：冬季形成较大群。栖于海拔1500m以下的落叶林及常绿林。

保护现状：《中国生物多样性红色名录》（2021）评估为无危（LC）。

分布：北京，天津，山东，河南，陕西南部，甘肃东南部，云南，四川中部，重庆，贵州，湖北，湖南，安徽，江西，江苏，上海，浙江，福建，广东，香港，广西西南部，海南。

摄影 / 匡中帆

96. 粉红山椒鸟

学 名: *Pericrocotus roseus*　**英文名**: Rosy Minivet

形态特征：体型略小（18~20cm）而具红或黄色斑纹的山椒鸟。颏及喉白色，头顶及上背灰色。雄鸟头灰、胸玫红而有别于其他山椒鸟。雌鸟与其他山椒鸟的区别在于腰部及尾上覆羽的羽色仅比背部略浅，并呈淡黄色，下体为较浅的黄色。虹膜褐色；喙黑色；脚黑色。

生态习性：冬季结成大群活动觅食。

保护现状：《中国生物多样性红色名录》（2021）评估为无危（LC）。

分 布

山东，云南，四川西南部，重庆，贵州，江西，广东，香港，广西南部。

摄影 / 匡中帆

97. 暗灰鹃鵙

学 名：*Lalage melaschistos*　**英文名**：Black-winged Cuckooshrike

形态特征：中等体型（20~24cm）的灰黑色鹃鵙。全身大多为暗灰色。雄鸟两翅和尾亮黑色；尾羽大都具白端。雌鸟两翅和尾褐黑色。幼鸟上、下体均具有黑白相间的横斑。虹膜红褐色；喙黑色；脚铅蓝色。

生态习性：栖息于阔叶林、针阔叶混交林、竹林和村寨边缘的丛林中。在针阔叶混交林中，多活动于林缘或高大乔木间，也常见在松树上觅食。单独或结群活动，性寂静，不善鸣叫。

保护现状：《中国生物多样性红色名录》（2021）评估为无危（LC）。

分 布

西藏东南部，云南，四川，重庆，贵州，广西，北京，河北中西部，山东，河南，山西，陕西南部，甘肃东南部，湖北中部，湖南，安徽北部，江西，江苏，上海，浙江，广东南部，香港，澳门，台湾，海南。

摄影 / 黄吉红

（二十五）卷尾科 Dicruridae

98. 黑卷尾

学 名：*Dicrurus macrocercus*　**英文名**：Black Drongo

形态特征：中等体型（24~30cm）的蓝黑色。具辉光的卷尾，喙小，通体黑色，尾长而呈深叉状；最外侧一对尾羽最长，端部稍向上卷曲。两性相似。亚成鸟下体下部具近白色横纹。虹膜红色；喙及脚黑色。

生态习性：栖息于平原和低山丘陵地带，常单独或成对在农田和村寨附近的乔木、灌丛、竹林以及电线上停息，或飞翔捕食昆虫。

保护现状：《中国生物多样性红色名录》（2021）评估为无危（LC）。

分 布：除新疆外，见于各省份。

摄影 / 阎水健

99. 灰卷尾

学　名：*Dicrurus leucophaeus*　**英文名**：Ashy Drongo

形态特征：中等体型（26~29cm）的灰色卷尾，与黑卷尾相似；体羽大都灰色或灰黑色；最外侧一对尾羽最长，呈深叉状。两性相似。虹膜橙红；喙灰黑；脚黑色。

生态习性：栖息于山区和平原地带的阔叶林、针叶林及针阔叶混交林或林缘地带，也活动于村落附近的乔木和疏林间，喜停息在高大的乔木树冠上，很少到密林及灌丛中活动。常成对或单独活动，立于林间空地的裸露树枝或藤条，捕食过往昆虫，攀高捕捉飞蛾或俯冲捕捉飞行中的猎物。

保护现状：《中国生物多样性红色名录》（2021）评估为无危（LC）。

分 布

北京，河北，河南，山西，陕西，甘肃南部，云南，四川，重庆，贵州，湖北，湖南，安徽，江西，江苏，上海，浙江，福建，台湾，西藏东南部，广东，广西，香港，澳门，海南。

摄影 / 匡中帆

100. 发冠卷尾

学 名: *Dicrurus hottentottus*　**英文名**: Hair-crested Drongo

形态特征：体型略大（29~34cm）的黑色卷尾。通体羽毛绒黑色，羽端缀钢蓝绿色金属光泽；额部有一束发状长形羽冠；最外侧一对尾羽的先端显著向上卷曲；尾叉不明显，几乎呈平尾状。两性相似。虹膜红或白色；喙及脚黑色。

生态习性：栖息于开阔丘陵或山地的树林中，属林栖性鸟类，常单独或成对活动。喜森林开阔处，有时（尤其晨昏）聚集一起鸣唱并在空中捕捉昆虫，甚是吵嚷。多在低处捕食昆虫，常与其他种类混群。

保护现状：《中国生物多样性红色名录》（2021）评估为无危（LC）。

分 布

见于各省份。

摄影／张卫民

(二十六) 王鹟科 Monarchidae

101. 寿 带

学 名：*Terpsiphone incei*　**英文名**：Paradise Flycatcher

形态特征：体长17~21cm。成年雄鸟中央1对尾羽特别延长，成飘带状；雌雄鸟羽色相似，后枕均具羽冠。棕色型头顶亮黑，上体余部棕红或栗红色；喉黑色或烟灰色；胸灰色；腹白或沾棕；尾下覆羽淡棕白或浅栗红色。白色型头顶、头侧和颈、喉呈亮黑色；余部体羽呈白色；背羽和尾羽有黑色粗著纵纹；飞羽黑色，缘以白色。虹膜褐色；眼周裸露皮肤蓝色；喙蓝色，喙端黑色；脚蓝色。

生态习性：白色的雄鸟飞行时显而易见。通常从森林较低层的栖处捕食，常与其他种类混群。食物主要为昆虫。

保护现状：《中国生物多样性红色名录》(2021) 评估为无危 (LC)。

分 布

除内蒙古、青海、新疆、西藏外，见于各省份。

摄影 / 匡中帆

（二十七）伯劳科 Laniidae

102. 虎纹伯劳

学 名： *Lanius tigrinus*　**英文名：** Tiger Shrike

形态特征： 中等体型（17~19cm），背部棕色。头顶至后颈灰色；前额、头侧和颈侧黑色；上体余部红褐色杂以黑色横斑。雄鸟顶冠及颈背灰色；背、两翼及尾浓栗色而多具黑色横斑；过眼线宽且黑；下体白色，两胁具褐色横斑。雌鸟似雄鸟但眼先及眉纹色浅。亚成鸟为较暗的褐色，眼纹黑色具模糊的横斑；眉纹色浅；下体皮黄色。虹膜褐色；喙蓝色，端黑；脚灰色。

生态习性： 喜在多林地带活动，通常在林缘突出的树枝上捕食昆虫。栖息于丘陵、平原等开阔的林地，多见停息在灌木、乔木的顶端或电线上。性凶猛，不仅捕食昆虫，有时也会袭击小鸟。

保护现状：《中国生物多样性红色名录》（2021）评估为无危（LC）。

分布： 除新疆、青海、海南外，见于各省份。

摄影 / 匡中帆

103. 红尾伯劳

学　名: *Lanius cristatus*　**英文名**: Brown Shrike

形态特征：中等体型（17~20cm）的淡褐色伯劳。体型较虎纹伯劳稍大；上体大都棕褐色；腹部棕白色。成鸟前额灰，眉纹白，宽宽的眼罩黑色，头顶及上体褐色，下体皮黄无斑纹。两性相似。虹膜褐色；喙黑色；脚灰黑。

生态习性：喜开阔耕地及次生林，包括庭院及人工林。单独栖于灌丛、电线及小树上，捕食飞行中的昆虫或猛扑地面上的昆虫和小动物。以昆虫等动物为主要食物。

保护现状：《中国生物多样性红色名录》（2021）评估为无危（LC）。

分 布

除新疆、西藏外，见于各省份。

摄影 / 匡中帆

十七 雀形目 PASSERIFORMES

104. 棕背伯劳

学 名: *Lanius schach*　**英文名:** Long-tailed Shrike

形态特征: 体型略大 23~28cm 而尾长的棕色、黑色及白色伯劳。头侧具宽阔的黑纹; 头顶至上背灰色; 肩羽、下背至尾上覆羽逐渐转为深棕色; 翅和尾黑色; 下体大都浅棕白色, 翼有一白色斑。亚成鸟色较暗, 两胁及背具横斑, 头及颈背灰色较重。两性相似。虹膜褐色; 喙及脚黑色。

生态习性: 喜草地、灌丛、茶林及其他开阔地。立于低树枝, 猛然飞出捕食飞行中的昆虫, 常猛扑地面上的蝗虫及甲壳虫。性凶猛, 喙、爪有力。

保护现状:《中国生物多样性红色名录》(2021) 评估为无危 (LC)。

分布

新疆, 西藏东南部, 云南, 北京, 天津, 河北, 河南南部, 山东, 陕西南部, 甘肃南部, 四川, 重庆, 贵州, 湖北, 湖南, 安徽, 江西, 江苏, 上海, 浙江, 福建, 广东, 香港, 澳门, 广西, 海南, 台湾。

摄影 / 匡中帆

105. 灰背伯劳

学　名：*Lanius tephronotus*　**英文名**：Grey-backed Shrike

形态特征：体型略大（21~25cm）且尾长。雄鸟额基、眼先、眼周、颊及耳羽均黑；头顶至下背暗灰色；腰及尾上覆羽转为橙棕色；尾羽黑褐、羽缘灰棕；两翼黑褐，内侧飞羽及大覆羽具棕色羽缘；颏、喉至上胸白，微沾棕色；胸、体侧及尾下覆羽浅棕色，腹部中央白色。雌鸟羽色似雄鸟但额基黑羽较窄，眼上略有白纹，头顶灰羽染浅棕，尾上覆羽可见细疏黑褐色鳞纹。下体污白，胸、胁染锈棕色。

生态习性：栖息于自平原至海拔 4000m 的山地疏林地区，在农田及农舍附近较多。常栖息在树梢的干枝或电线上，以昆虫为主食。

保护现状：《中国生物多样性红色名录》(2021) 评估为无危（LC）。

分 布

陕西，内蒙古西部，宁夏，甘肃，新疆西部，西藏，青海，云南，四川，重庆，贵州，湖北，湖南，香港，广西。

摄影 / 郭　轩

（二十八）鸦 科 Corvidae

106. 松 鸦

学 名: *Garrulus glandarius*　　**英文名:** Eurasian Jay

形态特征: 体小（30~36cm）的偏粉色鸦。翼上具黑色及蓝色镶嵌图案，腰白。髭纹黑色，两翼黑色具白色斑块。飞行时两翼显得宽圆。飞行沉重，振翼无规律。虹膜浅褐；喙灰色；脚肉棕色。

生态习性: 性喧闹，喜落叶林地及森林。以果实、鸟卵、尸体及橡树子为食。也会主动围攻猛禽。

保护现状:《中国生物多样性红色名录》（2021）评估为无危（LC）。

分 布

见于各省份。

摄影 / 匡中帆

107. 红嘴蓝鹊

学　名：*Urocissa erythrorhyncha*　**英文名**：Red-billed Blue Magpie

形态特征：体长53~68cm且具长尾。头顶至后颈具淡紫白色斑块；头颈余部和颏、喉至上胸黑色；背紫蓝灰色；腹灰白色；尾长而具白色端斑和黑色次端斑。两性相似。虹膜红色；喙红色；脚红色。

生态习性：栖息于丘陵和中低山区的次生阔叶林、针叶林、针阔叶混交林或竹林等多种类型的森林中，也见于河谷两岸的疏林、荒坡及耕地和村边的树林、竹丛中。常成对或几只鸟聚集成小群一起活动。杂食性。冬季有储藏食物习性。

保护现状：《中国生物多样性红色名录》（2021）评估为无危（LC）。

分布

辽宁，北京，河北，山东，山西，内蒙古东南部，甘肃，河南，陕西，宁夏，云南，四川，重庆，贵州，湖北，湖南，安徽，江西，江苏，上海，浙江，福建，广东，香港，澳门，广西，海南。

摄影/匡中帆

108. 灰树鹊

学　名：*Dendrocitta formosae*　　**英文名**：Gray Treepie

形态特征：体型略大（36~40cm）褐灰色。前额黑头顶至枕蓝灰色；背和肩羽棕褐；翅黑色，初级飞羽具一白斑；尾羽黑或中央尾羽部分灰色；颏、喉黑褐；胸至腹褐灰色；尾上覆羽灰或灰白色两性相似。虹膜红褐色；喙黑色，喙基灰色；脚深灰色。

生态习性：栖息于丘陵和山区的常绿阔叶林、次生常绿阔叶林和针阔叶混交林中，常成对或结成4~5只的小家族群活动，叫声响亮而多变。

保护现状：《中国生物多样性红色名录》（2021）评估为无危（LC）。

分　布

云南，四川，贵州，湖南，安徽，江西，江苏，浙江，福建，广东，香港，澳门，广西，台湾，海南。

摄影 / 匡中帆

109. 喜　鹊

学　名: *Pica serica*　**英文名:** Oriental Magpie

形态特征: 体长 40~50cm。除两肩和腹部纯白色，初级飞羽内翈大部白色外，余部大多为亮黑色；具黑色的长尾呈楔形。两性相似。虹膜褐色；喙黑色；脚黑色。

生态习性: 是村寨和城市附近常见的鸟类，常活动于平原或山区的山脚、林缘、村庄或城市周围的大树上、屋顶和耕地中。平时多成对活动，冬季有时也成群活动。杂食性鸟类。

保护现状:《中国生物多样性红色名录》(2021) 评估为无危 (LC)。

分 布

见于各省份。

摄影 / 匡中帆

110. 小嘴乌鸦

学　名：*Corvus corone*　　**英文名**：Carrion Crow

- **形态特征**：体大（48~56cm）的黑色鸦。与秃鼻乌鸦的区别在于喙基部被黑色羽，与大嘴乌鸦的区别在于额弓较低，喙虽强劲但形显细。虹膜褐色；喙黑色；脚黑色。

- **生态习性**：喜结大群栖息，不结群营巢。取食于矮草地及农耕地，以无脊椎动物为主要食物，喜吃尸体，常在道路上吃被车辆轧死的动物。

- **保护现状**：《中国生物多样性红色名录》（2021）评估为无危（LC）。

分布

除西藏外，见于各省份。

摄影 / 匡中帆

111. 白颈鸦

学　名: *Corvus pectoralis*　**英文名**: Collared Crow

形态特征：体大（47~55cm）的亮黑及白色鸦。喙粗厚，颈背及胸带强反差的白色使其有别于同地区的其他鸦类，仅达乌里寒鸦略似，但寒鸦较白颈鸦体甚小而下体甚多白色。虹膜深褐色；喙黑色；脚黑色。

生态习性：栖于平原、耕地、河滩、城镇及村庄。有时与大嘴乌鸦混群活动。

保护现状：《中国生物多样性红色名录》（2021）均评估为近危（NT）。

分 布

除新疆、西藏、青海外，见于各省份。

摄影/郭　轩

112. 大嘴乌鸦

学　名：*Corvus macrorhynchos*　**英文名**：Large-billed Crow

形态特征：体大的闪光黑色鸦，体长 47~57cm。全身黑色；嘴形粗厚，嘴基处不光秃；后颈羽毛柔软松散如发，羽干不明显；额弓高而突出。比渡鸦体小且尾较平。虹膜褐色；喙黑色；脚黑色。

生态习性：栖息于平坝、丘陵和山区的多种生境中，常在农田、耕地、河滩和人类居住地附近活动觅食，性喜结群，常数只到数十只一群。杂食性。

保护现状：《中国生物多样性红色名录》(2021) 评估为无危 (LC)。

分　布：见于各省份。

摄影 / 匡中帆

（二十九）玉鹟科 Stenostiridae

113. 方尾鹟

学 名：*Culicicapa ceylonensis*　**英文名**：Grey-Headed Canary-flycatcher

形态特征：体小（12~13cm）。头、颈、喉至上胸污灰；前额、头顶至后枕较暗呈灰褐色；上体亮黄绿色；下胸、腹至尾下覆羽鲜黄色；翅和尾羽黑褐，外缘黄绿色；外侧尾羽与中央尾羽等长，呈方尾型；喙形宽扁，喙须特多而长，几乎达至喙端。虹膜褐色；上喙黑色，下喙角质色；脚黄褐。

生态习性：喧闹活跃，在树枝间跳跃，不停捕食及追逐过往昆虫。常将尾扇开。多栖于森林的底层或中层。常与其他鸟混群。

保护现状：《中国生物多样性红色名录》（2021）评估为无危（LC）。

分 布：山东，河南，陕西南部，甘肃东南部，西藏东部和南部，云南，四川，重庆，贵州，湖北西部，湖南，江西，江苏，上海，广东，香港，澳门，广西，海南中部，台湾。

摄影 / 匡中帆

（三十）山雀科 Paridae

114. 黄腹山雀

学　名： *Pardaliparus venustulus*　　**英文名：** Yellow-bellied Tit

形态特征： 体小（9~11cm）尾短。头、喉和上胸黑色；颊白色；腹部黄色，腹部中央无黑色纵带。翼上具两排白色斑点，喙甚短。雄鸟头及胸兜黑色，颊斑及颈后白色点斑，上体蓝灰色，腰银白色。雌鸟头部灰色较重，喉白色，与颊斑之间有灰色的下颊纹，眉略具浅色点。幼鸟似雌鸟但色暗，上体多橄榄色。虹膜褐色；喙近黑色；脚蓝灰色。

生态习性： 常成群活动于阔叶树上，也跳跃穿梭于灌丛间，有时与大山雀等混群活动。食物以昆虫为主。

保护现状：《中国生物多样性红色名录》（2021）评估为无危（LC）；中国特有种。

分布

除新疆、西藏外，见于各省份。

摄影 / 匡中帆

115. 大山雀

学　名：*Parus minor*　**英文名**：Great Tit

形态特征：体长（12~14cm）而结实的黑、灰及白色山雀。头辉蓝黑色；两颊具大形白斑；上体蓝灰，上背沾黄绿色；胸、腹部白色，中央贯粗著黑色纵纹。两性相似。鸣声的基调似"子伯、子伯"或"子嘿、子嘿"。雄鸟胸带较宽，幼鸟胸带减为胸兜。虹膜褐色；喙黑色；跗跖和趾紫褐色，爪褐色。

生态习性：常栖息于山区阔叶林、针叶林、针阔叶混交林、竹林及河谷耕作区的经济林木上，有时也见于灌木丛间或果园内。

保护现状：《中国生物多样性红色名录》（2021）评估为无危（LC）。

分布

西藏，青海，黑龙江，吉林，辽宁，北京，天津，河北南部，山东，山西，陕西，内蒙古中部，宁夏，甘肃西部，四川，重庆，云南，贵州，湖北，湖南，江西，安徽，江苏，上海，浙江，福建，广东，香港，广西，台湾，海南。

摄影 / 匡中帆

116. 绿背山雀

学 名：*Parus monticolus*　**英文名**：Green-backed Tit

形态特征：体长 12~15cm，头部黑色，两颊的白色斑明显；上背绿色且具两道白色翼纹，腹部黄色沾有浅绿色，中央贯以显著的黑色纵纹。在中国其分布仅与白腹的大山雀亚种有重叠。虹膜褐色；喙黑色；脚青石灰色。

生态习性：常栖息于常绿、阔叶林、落叶阔叶林和针阔叶混交林中，主要捕食昆虫。冬季成群。

保护现状：《中国生物多样性红色名录》（2021）评估为无危（LC）。

分 布

西藏南部、东南部，陕西南部，宁夏，甘肃南部，云南，四川，重庆，贵州，湖北西部，湖南，广西，台湾。

摄影 / 匡中帆

贵州习水鸟类

（三十一）百灵科 Alaudidae
117. 小云雀

学　名：*Alauda gulgula*　**英文名**：Oriental Skylark

- **形态特征**：体小（14~16cm）的褐色斑驳似鹨的鸟。略具浅色眉纹及羽冠。与鹨的区别在于喙较厚重，飞行较柔弱且姿势不同。与云雀及日本云雀的区别在于体型较小，飞行时白色后翼缘较小且叫声不同。虹膜褐色；喙角质色；跗跖肉色。

- **生态习性**：栖息于长有短草的开阔地区。从不停栖树上。

- **保护现状**：《中国生物多样性红色名录》（2021）评估为无危（LC）。

分布

山东，陕西，甘肃，湖北，湖南，安徽，江苏，上海，宁夏，新疆，西藏，青海，四川，云南，贵州，江西北部，浙江，福建，广东，香港，澳门，广西，台湾，海南。

摄影/郭　轩

（三十二）扇尾莺科 Cisticolidae

118. 棕扇尾莺

学　　名： *Cisticola juncidis*　　**英文名：** Zitting Cisticola

形态特征： 体长 10~14cm，具褐色纵纹。腰黄褐色，尾端白色清晰。白色眉纹较颈侧及颈背明显为浅。虹膜褐色；喙褐色；脚粉红至近红色。

生态习性： 栖息于开阔草地、稻田及甘蔗地。求偶飞行时雄鸟在其配偶上空作振翼停空并盘旋鸣叫。非繁殖期惧生而不易见到。

保护现状：《中国生物多样性红色名录》（2021）评估为无危（LC）。

分布

辽宁，北京，天津，河北，山东，河南，山西，陕西，甘肃，云南，四川，重庆，贵州，湖北，湖南，安徽，江西，江苏，上海，浙江，福建，广东，香港，澳门，广西，海南，台湾。

摄影 / 李利伟

119. 山鹪莺

学　名：*Prinia striata*　　**英文名**：Striated Prinia

形态特征：体长 15~17cm，具深褐色纵纹。具形长的凸形尾；上体灰褐并具黑色及深褐色纵纹；下体偏白，两胁、胸及尾下覆羽沾茶黄，胸部黑色纵纹明显。非繁殖期褐色较重，胸部黑色较少，顶冠具皮黄色和黑色细纹。虹膜浅褐色；喙黑色（冬季褐色）；脚偏粉色。

生态习性：多栖息于高草及灌丛中，常在耕地活动。

保护现状：《中国生物多样性红色名录》（2021）评估为无危（LC）。

分布

河南南部，陕西，甘肃东南部，西藏，云南，重庆，湖北，湖南，安徽，江西，江苏，四川，贵州，上海，浙江，福建，广东，澳门，广西，台湾。

摄影 / 匡中帆

120. 纯色山鹪莺

学 名: *Prinia inornata*　**英文名**: Plain Prinia

形态特征：体型较小，体长 13~15cm。具浅色眉纹。夏羽上体褐灰微沾棕色，头顶较暗；眉纹纤细呈淡棕白色；下体淡棕白色，胁、覆腿羽和尾下覆羽沾棕；尾羽灰褐色，端缘微白，次端斑黑褐色。冬羽上体暗棕褐色，头顶隐现暗褐色羽干纹；下体橙棕色；颏、喉稍浅淡；尾羽较长。上喙暗褐，下喙黄褐色。两性相似。

生态习性：栖息于低山丘陵、河谷、平原地区的稀树灌丛、草丛、田园耕地和居民园林等生境中。性活泼，头尾常高高耸起，结小群活动。

保护现状：《中国生物多样性红色名录》（2021）评估为无危（LC）。

分 布

山东，云南，四川西部，重庆，贵州，湖北，湖南，安徽，江西，江苏，上海，浙江，福建，广东，香港，澳门，广西，海南，台湾。

摄影 / 张卫民

（三十三）苇莺科 Acrocephalidae

121. 钝翅苇莺

学　名： *Acrocephalus concinens*　　**英文名：** Blunt-winged Warbler

- **形态特征：** 中等体型（13~14cm）单调棕褐色无纵纹。两翼短圆，白色的短眉纹不及眼后，无第二道上眉纹。上体深橄榄褐色，腰及尾上覆羽棕色。具深褐色的过眼纹，但眉纹上无深色条带。下体白，胸侧、两胁及尾下覆羽沾皮黄。虹膜褐色；上喙色深，下喙色浅；脚偏粉色，脚底蓝色。

- **生态习性：** 常活动于芦苇地、水稻田边的灌丛和草丛间，以昆虫为食。

- **保护现状：**《中国生物多样性红色名录》（2021）评估为无危（LC）。

分布

北京，河北，山东，河南，山西，陕西南部，甘肃南部，西藏东部，云南西部，四川，重庆，贵州，湖北，湖南，安徽，江西，上海，浙江，广东，广西。

摄影/郭　轩

（三十四）鳞胸鹪鹛科 Pnoepygidae
122. 小鳞胸鹪鹛

学 名：*Pnoepyga pusilla*　**英文名**：Pygmy Wren-Babbler

形态特征：体长8~9cm，极小几乎无尾。上体包括两翅及尾的表面等均呈沾棕的暗褐色，头顶和上背各羽缘以黑褐色，翅上覆羽大都缀以棕黄色点状次端斑，飞羽渲染栗褐色，尾羽具狭窄的棕色端；颏、喉、胸和腹亦白，胸部的褐色羽缘特别明显，因而形成鳞片状；两胁黑褐。虹膜暗褐色；上喙黑褐色，下喙稍淡，喙基黄褐色；脚和趾均褐色。

生态习性：性隐匿，常在稠密灌木丛或竹林的树根间的地面上急速奔跑。受惊时就潜入密丛深处，从不远飞。性羞怯，体形虽小，但叫声却很洪亮。平时不常鸣叫。食物为植物的叶、芽及昆虫等。

保护现状：《中国生物多样性红色名录》（2021）评估为无危（LC）。

分布

陕西南部，甘肃南部，西藏东南部，云南，四川，重庆，贵州，湖北，湖南，安徽，江西东北部，浙江，福建，广东，广西。

摄影／郭　轩

（三十五）蝗莺科 Locustellidae
123. 棕褐短翅蝗莺

🐦 **形态特征：** 中等体型（13~15cm）单调褐色。两翼宽短，皮黄色的眉纹甚不清晰。颏、喉及上胸白；脸侧、胸侧、腹部及尾下覆羽浓皮黄褐，尾下覆羽羽端近白而看似有鳞状纹。幼鸟喉皮黄色，喙细长而略具钩，额圆。喙较细。虹膜褐色；上喙色深，下喙粉红色；脚粉红色。

🌿 **生态习性：** 栖于海拔 1200~3300m 的秃山及松林空地间的次生灌丛、草地及蕨丛。常隐匿，站姿较平。

♡ **保护现状：**《中国生物多样性红色名录》（2021）评估为无危（LC）。

分 布

北京，天津，河北，河南，陕西南部，西藏，青海，云南，四川，重庆，贵州，湖北，湖南，江西，浙江，福建，广东，广西，海南。

摄影 / 李利伟

（三十六）燕　科 Hirundinidae
124. 崖沙燕

形态特征： 体长12~13cm，褐色。上体暗褐色，额、腰和尾上覆羽色较淡；翼上内侧飞羽和覆羽与背同色，但羽端稍淡；外侧飞羽和覆羽及尾羽等均为黑褐色，尾羽羽缘灰白，具暗黑褐色横斑；眼先黑褐色，耳羽灰褐色；颏、喉灰白；胸具完整清晰的灰褐色环带，下体余部淡灰白色。虹膜褐色；喙及脚黑色。

生态习性： 生活于沼泽及河流之上，在水上疾掠而过或停栖于突出树枝，飞行捕食昆虫。

保护现状：《中国生物多样性红色名录》(2021)评估为无危（LC）。

分布

见于各省份。

摄影/韦　铭

125. 淡色崖沙燕

学 名: *Riparia diluta*　**英文名**: Pale Martin

- **形态特征**：体长 12~13cm，褐色。下体白色并具一道特征性的褐色胸带。亚成鸟喉皮黄色。虹膜褐色；喙及脚黑色。

- **生态习性**：生活于沼泽及河流之上，在水上疾掠而过或停栖于突出树枝。

- **保护现状**：《中国生物多样性红色名录》（2021）评估为无危（LC）。

分 布

河南北部，陕西南部，甘肃南部，四川东部，重庆，贵州，湖北，湖南，江苏，上海，浙江，福建，广东，香港，广西。

摄影 / 李利伟

126. 家 燕

学　名: *Hirundo rustica*　**英文名**: Barn Swallow

形态特征：中等体型（17~20cm），包括尾羽延长部呈辉蓝色及白色。头顶和整个上体呈钢蓝黑色，闪耀金属光泽；颏、喉栗红色，上胸具蓝色横带；胸、腹至尾下覆羽纯白或淡棕白色，无斑纹；尾黑，呈铗尾型；尾羽除中央1对外，其余尾羽内翈均具白斑。亚成鸟体羽色暗，尾无延长。虹膜褐色；喙及脚黑色。

生态习性：常成群低空飞行，或栖于电线上；每年3月中旬由南方迁来，11月才离去；营巢于住宅内的墙壁、房梁上或屋檐下。巢呈半碗状。

保护现状：《中国生物多样性红色名录》（2021）评估为无危（LC）。

分 布

见于各省份。

摄影 / 匡中帆

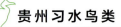

127. 岩 燕

学　名：*Ptyonoprogne rupestris*　　**英文名**：Eurasian Crag-martin

形态特征：体型略小（14~15cm），深褐色。方形尾的近端处具两个白色斑点。色较淡，且于飞行时从下方看其深色的翼下覆羽、尾下覆羽及尾与较淡的头顶、飞羽、喉及胸成对比。虹膜褐色；喙黑色；脚肉棕色。

生态习性：栖于山区岩崖及干旱河谷，偶尔在建筑物上。

保护现状：《中国生物多样性红色名录》（2021）评估为无危（LC）。

分布

辽宁，北京，天津，河北北部，河南，山西，陕西，内蒙古中部、东南部，宁夏北部，甘肃南部，新疆西部和中部，西藏南部，青海，云南，四川，重庆，湖北。

摄影／郭　轩

128. 烟腹毛脚燕

学 名: *Delichon dasypus*　**英文名:** Asian House Martin

形态特征: 体小（11~13cm）矮壮黑色。前额、头顶至背羽呈辉亮的钢蓝黑色；腰羽白色；尾浅叉；颏、喉和下体余部白而渲染烟灰色；跗蹠和趾被白色绒羽。于翼衬黑色。虹膜褐色；喙黑色；脚粉红色，被白色羽至趾。

生态习性: 单独或成小群，与其他燕或金丝燕混群。比其他燕更喜于留在空中，多见其于高空翱翔。

保护现状:《中国生物多样性红色名录》(2021) 评估为无危 (LC)。

分布

黑龙江，江苏东部，上海，福建中部，北京，山西南部，陕西南部，甘肃西北部，宁夏，西藏南部，青海，云南西北部，四川，重庆，贵州东北部，湖北西部，湖南，安徽，江西，浙江，福建，广东，香港，广西，台湾。

摄影 / 刘越强

129. 金腰燕

学　名: *Cecropis daurica*　**英文名**: Red-rumped Swallow

- **形态特征**：体型较家燕略大，体长 16~20cm，头顶和背蓝黑色；腰栗黄色；下体淡棕白色而满布黑色纵纹，尾长而叉深。虹膜褐色；喙及脚黑色。

- **生态习性**：多分布于山区海拔较高的村寨，常见成群飞翔，捕食空中飞虫。

- **保护现状**：《中国生物多样性红色名录》（2021）评估为无危（LC）。

分布

黑龙江，吉林，内蒙古，新疆，宁夏，甘肃西部、南部，西藏南部、东部，青海东部、南部，辽宁，北京，天津，河北，山东，河南，山西，陕西，甘肃，云南，四川，重庆，贵州，湖北，湖南，安徽，江西，江苏，上海，浙江，福建，广东，香港，澳门，广西，台湾。

摄影 / 匡中帆

（三十七）鹎 科 Pycnonotidae

130. 领雀嘴鹎

学 名：*Spizixos semitorques*　　**英文名**：Collared Finchbill

形态特征：体大的偏绿色鹎，全长 21~23cm。头黑色；上体暗橄榄绿色，下体橄榄黄；喉白色，喙基周围近白，脸颊具白色细纹；尾羽与上体同色，尾端近黑色。颊与耳羽为黑白相间；胸部具 1 条半环状白领。两性相似。虹膜褐色；喙短厚，浅黄色，上喙下弯；脚偏粉色。

生态习性：栖息在从海拔 350m 的平坝到海拔 2000m 的高山上的树林里、灌丛中，还多见于海拔 500~1000m 的丘陵地区。性喜结群，有时也见单独或成对活动觅食。

保护现状：《中国生物多样性红色名录》（2021）评估为无危（LC）。

分 布

河南南部，山西，陕西，甘肃南部，云南，四川，重庆，贵州，湖北，湖南，安徽，江西，上海，浙江，福建，广东，广西，台湾。

摄影 / 匡中帆

131. 黄臀鹎

学　名: *Pycnonotus xanthorrhous*　**英文名:** Brown-breasted Bulbul

🌿 **形态特征:** 中等体型的灰褐色鹎,全长19~21cm。头黑色,羽冠不明显;近下喙基部具一块微小红色斑点;上体褐色;耳羽略浅;喉白色;下体近白色;上胸具浅褐色横带;尾下覆羽深黄色。耳羽褐色,胸带灰褐,尾端无白色。虹膜褐色;喙黑色;脚黑色。

🌿 **生态习性:** 分布在海拔240~2600m的地方。性情活泼,喜集群,常在村寨附近和溪流边的灌丛中与树枝间跳跃或觅食。

💚 **保护现状:**《中国生物多样性红色名录》(2021)评估为无危(LC)。

分布

西藏东南部,河南,陕西,甘肃中部和南部,云南,四川,重庆,贵州,湖北,湖南,安徽,江西,江苏,上海,浙江,福建,广东,澳门,广西。

摄影 / 匡中帆

132. 白头鹎

学　名：*Pycnonotus sinensis*　英文名：Light-vented Bulbul

🐦 **形态特征：** 中等体型，全长 18~20cm。额与头顶纯黑色；两眼上方至枕后呈白色；上体灰褐或暗石板灰色，具不明显的黄绿色纵纹；翅、尾均黑褐色，具明显的黄绿色羽缘；喉白色；胸染灰褐色，形成一道宽阔而不明显的横带；腹部白色，缀以淡绿黄色纵纹；尾下覆羽白色。两性相似。幼鸟头橄榄色，胸具灰色横纹。虹膜褐色；喙近黑色；脚黑色。

🍃 **生态习性：** 性活泼，结群于果树上活动。有时从栖处飞行捕食。杂食性。食物包括各种昆虫和蜘蛛、有叶植物性、果实和种子等。

💚 **保护现状：**《中国生物多样性红色名录》（2021）评估为无危（LC）。

分　布

除新疆、西藏外，见于各省份。

摄影 / 匡中帆

贵州习水鸟类

133. 绿翅短脚鹎

学　名：Ixos *mcclellandii*　**英文名**：Mountain Bulbul

形态特征：体大而喜喧闹的橄榄色鹎，全长 21~24cm。头顶栗褐色，羽毛尖形，具有浅色轴纹；上体深灰褐色；颈侧染红棕色；飞羽和尾羽的表面呈亮橄榄绿色；喉灰而具白色纵纹，羽端尖细；下体棕白色；胸部浓暗；尾下覆羽呈浅黄色。虹膜褐色；喙近黑色；脚粉红色。

生态习性：栖息于阔叶林、针叶林、针阔叶混交林或次生林中，也见于溪流河畔或村寨附近的竹林、杂木林。大多三五只或十余只结小群活动于乔木中层，偶尔单独活动。杂食性，食物以植物性为主。

保护现状：《中国生物多样性红色名录》（2021）评估为无危（LC）。

分布

西藏，河南南部，陕西南部，甘肃南部，云南，四川，重庆，贵州，湖北，湖南，安徽，江西，浙江，福建，广东，香港，广西，海南。

摄影 / 匡中帆

134. 栗背短脚鹎

学　名: *Hemixos castanonotus*　　**英文名**: Chestnut Bulbul

形态特征：体型略大（19~22cm）。上体栗褐色，头顶黑色而略具羽冠，喉白色，腹部偏白色；胸及两胁浅灰色；两翼及尾灰褐，覆羽及尾羽边缘绿黄色。虹膜褐色；喙深褐色；脚深褐色。

生态习性：常结成活跃小群。藏身于甚茂密的灌丛。分布于海拔较低的丘陵地带，性活泼。鸣声嘈杂，有时作有韵律的鸣唱。

保护现状：《中国生物多样性红色名录》(2021) 评估为无危（LC）。

分布

河南南部，云南东南部，贵州，湖北，湖南，安徽，江西，上海，浙江，福建，广东，香港，澳门，广西，海南。

摄影 / 匡中帆

（三十八）柳莺科 Phylloscopidae
135. 黄眉柳莺

学　名： *Phylloscopus inornatus*　**英文名：** Yellow-browed Warbler

形态特征： 中等体型（10~11cm），鲜艳橄榄绿色。眉纹黄白色；头顶冠纹不明显；腰无黄带；翅上具两道宽阔的黄白色翅斑；下体污白而沾灰，缀有淡黄色细纹；喙黑色，下喙基部黄色。两性相似。虹膜褐色；上喙色深，下喙基黄色；脚粉褐色。

生态习性： 性活泼，常结群且与其他小型食虫鸟类混合，栖于森林的中上层。

保护现状：《中国生物多样性红色名录》（2021）评估为无危（LC）。

分布

除新疆外，见于各省份。

摄影 / 张卫民

136. 黄腰柳莺

学　名: *Phylloscopus proregulus*　　**英文名:** Pallas's Leaf Warbler

形态特征： 全长 9~10cm。上体橄榄绿色；头顶较暗；中央有淡绿黄色冠纹；眉纹绿黄色；腰羽柠檬黄色，形成宽阔的腰带；翅上具两道黄色翅斑；下体污白色；胁和尾下覆羽沾黄绿色。两性相似。虹膜褐色；喙黑色，喙基橙黄色；脚粉红色。

生态习性： 栖于亚高山林，夏季可至海拔 4200m 的林线。在低地林区及灌丛越冬。繁殖季节多见单独或成对活动，秋、冬季多结群。

保护现状：《中国生物多样性红色名录》(2021) 评估为无危 (LC)。

分布

见于各省份。

摄影 / 张卫民

137. 棕眉柳莺

学　名：*Phylloscopus armandii*　**英文名**：Yellow-streaked Warbler

形态特征：中等体型，敦实，全长 12~14cm。上体橄榄褐色；眉纹棕黄色；贯眼纹暗褐色；颊和耳羽棕褐色；下体棕白色；腹部渲染黄色细纹；胸和胁染棕褐色；尾下覆羽皮黄色。尾略分叉，喙短而尖。特征为喉部的黄色纵纹常隐约贯胸而及至腹部，尾下覆羽黄褐色。两性相似。虹膜褐色；上喙褐色，下喙较淡；脚黄褐色。

生态习性：常在亚高山云杉林中的柳树及杨树群落活动。于低灌丛下的地面取食。繁殖季节多见成对或单独活动，秋、冬季结群。以昆虫为食。

保护现状：《中国生物多样性红色名录》（2021）评估为无危（LC）。

分布

辽宁，北京，天津，河北，山西，陕西，内蒙古中部和东部，宁夏，甘肃南部，西藏东部，青海，香港，云南，四川，重庆，贵州，湖北，湖南北部，江西，广西。

摄影 / 韦　铭

十七 雀形目
PASSERIFORMES

138. 黄腹柳莺

学　名：*Phylloscopus affinis*　　**英文名**：Tickell's Leaf Warbler

形态特征：中等体型（10~11cm）体小而体型紧凑的橄榄绿色柳莺。两翼略长，尾圆而略凹；上体橄榄绿色，黄色的眉纹长且粗；耳羽暗黄色，无翼斑；尾及飞羽褐色，羽外侧有橄榄色羽缘。下体黄色，胸侧沾皮黄，两胁及臀沾橄榄色。外侧三枚尾羽羽端及内侧白色。虹膜褐色；上喙褐色，下喙偏黄色；脚暗色。

生态习性：藏匿于低矮植被丛中，动作快而慌。冬季有时结小群，也多栖于森林喜在树冠层活动。

保护现状：《中国生物多样性红色名录》（2021）评估为无危（LC）。

分 布

西藏西部、南部，青海，甘肃，陕西南部，四川，贵州，云南西部、北部。

摄影 / 张卫民

139. 褐柳莺

学 名: *Phylloscopus fuscatus*　**英文名**: Dusky Warbler

形态特征：中等体型（11~12cm）单一褐色。外形甚显紧凑而墩圆，两翼短圆，尾圆而略凹。上体灰褐色，飞羽有橄榄绿色的翼缘。下体乳白色，胸及两胁沾黄褐色。喙细小，腿细长。指名亚种眉纹沾栗褐色，脸颊无皮黄色，上体褐色较重。与巨嘴柳莺易混淆，不同之处在于喙纤细且色深；腿较细；眉纹较窄而短（指名亚种眉纹后端棕色）；眼先上部的眉纹有深褐色边且眉纹将眼和喙隔开；腰部无橄榄绿色渲染。虹膜褐色；上喙色深，下喙偏黄色；脚偏褐色。

生态习性：隐匿于海拔4000m以下的沿溪流、沼泽周围及森林中潮湿灌丛的浓密低植被之下。翘尾并轻弹尾及两翼。

保护现状：《中国生物多样性红色名录》（2021）评估为无危（LC）。

分 布

见于各省份。

摄影 / 匡中帆

雀形目
PASSERIFORMES

140. 棕腹柳莺

学　名： *Phylloscopus subaffinis*　　**英文名：** Buff-throated Warbler

形态特征： 中等体型（10~11cm）橄榄绿色。眉纹暗黄且无翼斑。外侧三枚尾羽具狭窄白色羽端及羽缘。耳羽较暗，喙略短。眉纹尤其于眼先不显著，且其上无狭窄的深色条纹。眉纹淡而少橘黄色。虹膜褐色；喙深角质色而具偏黄色的喙线，下喙尖端色深下喙基黄色；脚深色。

生态习性： 垂直迁移的候鸟，夏季于山区森林及灌丛高可至海拔 3600m，越冬在山丘及低地。藏匿于浓密的林下植被，夏季成对，冬结小群。不安时两翼下垂并抖动。

保护现状：《中国生物多样性红色名录》(2021) 评估为无危 (LC)。

分布

山东，陕西南部，甘肃南部，新疆东部，青海东部、南部，云南，四川，重庆，贵州，湖北，湖南，安徽，江西，江苏，上海，浙江，福建，广东，广西。

摄影 / 张海波

141. 白眶鹟莺

学　名: *Phylloscopus intermedius*　　**英文名**: White-spectacled Warbler

形态特征： 体长10~11cm，色彩艳丽。成鸟前额灰沾浅黄绿色，头顶至后枕灰色，侧冠纹灰黑色；眼先和颊黄绿色；耳羽至颈侧亦呈灰色；眼圈白色，眼周灰黑色，眉纹灰前端稍沾黄绿色；后颈至上背橄榄绿沾灰色，肩羽和背至尾上覆羽呈鲜亮的橄榄黄绿色；翅和尾羽暗褐色，外缘亮黄绿色，中覆羽和大覆羽先端黄色，形成两道翼斑，外侧三对尾羽内翈白色；颏、喉浅黄，胸和腹部及尾下覆羽亮黄色，胸侧和胁部沾橙黄色；翅缘、翅下覆羽和腋羽鲜亮黄色。虹膜褐色；上喙色深，下喙黄色；脚黄色。

生态习性： 栖于山区潮湿森林中的竹林密林丛中。越冬至山麓地带且加入混合鸟群。

保护现状：《中国生物多样性红色名录》（2021）评估为无危（LC）。

分　布

西藏东部、南部，云南南部、东南部，江西东北部，浙江，福建西北部，广东，广西，贵州。

摄影 / 匡中帆

142. 灰冠鹟莺

学 名: *Phylloscopus tephrocephalus*　　**英文名:** Grey-crowned Warbler

形态特征: 体长10~11cm。成鸟头顶中央冠纹蓝灰色明显,侧冠纹乌黑色;眼先、眉纹和耳羽及眼下橄榄绿褐色,缀黄色细纹,眼眶亮金黄色,黄色眼圈在眼后方断开;背至尾上覆羽和肩羽暗橄榄绿色;翅上覆羽和飞羽黑褐色,外缘橄榄绿色,无翼斑。尾羽黑褐色,外缘橄榄绿色。颏、喉胸和腹部及尾下覆羽辉金黄色;胸和肋部多少淡绿褐色;翅缘和翅下覆羽及腋羽亮黄色。虹膜暗褐色;上喙黑色,下喙色浅;脚偏黄色。

生态习性: 栖息于热带和亚热带山地林缘灌木林及竹林、稀树灌丛地带,常见在枝叶丛中活动,觅食昆虫。

保护现状:《中国生物多样性红色名录》(2021)评估为无危(LC)。

分布

陕西南部,甘肃,云南,四川西部,贵州,湖北西部,湖南,广东。

摄影/郭 轩

143. 极北柳莺

学 名: *Phylloscopus borealis*　**英文名:** Arctic Willow Warbler

形态特征: 体长 12~13cm 偏灰橄榄色。具明显的黄白色长眉纹；上体深橄榄色，具甚浅的白色翼斑，中覆羽羽尖成第二道模糊的翼斑；下体略白，两胁褐橄榄色；眼先及过眼纹近黑色。虹膜深褐色；上喙深褐色，下喙黄色；脚褐色。

生态习性: 喜开阔有林地区、红树林、次生林及林缘地带。喜混群活动，在树叶间寻食。

保护现状:《中国生物多样性红色名录》(2021)评估为无危(LC)。

分布

见于各省份。

摄影 / 李利伟

十七 雀形目 PASSERIFORMES

144. 栗头鹟莺

学　名: *Phylloscopus castaniceps*　　**英文名**: Chestnut-crowned Warbler

形态特征：体型甚小的橄榄色莺，全长 9~10cm。头顶棕栗色，侧冠纹黑色；上背灰，下背橄榄绿色；腰和尾上覆羽亮黄色；眼圈白色；颊和颈、喉至胸部灰色；腹黄或白色；胁部及尾下覆羽黄色；外侧 1 对或 2 对尾羽内翈白色。两性相似。虹膜褐色；上喙黑色，下喙浅；脚角质灰色。

生态习性：活跃于山区森林，在小树的树冠层积极觅食。常与其他种类混群。

保护现状：《中国生物多样性红色名录》（2021）评估为无危（LC）。

分布

西藏南部、东部，云南，河北，河南，陕西南部，甘肃南部，四川，重庆，贵州，湖北，湖南，安徽，江西，上海，浙江，福建，广东，香港，广西。

摄影 / 匡中帆

145. 黑眉柳莺

学　名：*Phylloscopus ricketti*　**英文名**：Sulphur-breasted Warbler

形态特征：体长 10~12cm，色彩鲜艳。头顶有一道显著的绿黄色中央冠纹和两道粗著的黑色侧冠纹；眉纹黄绿色；贯眼纹黑色；上体橄榄绿色；翅上具两道不明显的黄色翅斑；下体鲜黄色，外侧尾羽具白色狭缘。两性相似。虹膜褐色；上喙色深，下喙偏黄色；脚黄粉色。

生态习性：性活泼，常与其他莺类混群。栖于海拔 1500m 以下的丘陵混合林。

保护现状：《中国生物多样性红色名录》（2021）评估为无危（LC）。

分布

河南，陕西，甘肃东南部，云南东南部，四川，重庆，贵州，湖北，湖南，江西，上海，浙江，福建，广东，香港，广西。

摄影 / 黄吉红

146. 冠纹柳莺

学 名: *Phylloscopus claudiae*　**英文名**: Claudia's Leaf Warbler

形态特征：体长 10~11cm，色彩亮丽。翅上具两道宽阔的黄色翅斑；头顶冠纹较显著，尾下覆羽不呈辉黄色；胸、腹部灰白而稍缀淡黄色细纹；外侧尾羽内翈狭缘白色。两性相似。侧顶纹色淡，两道翼斑较醒目且下体少黄色。虹膜褐色；上喙色深，下喙粉红色；脚偏绿至黄色。

生态习性：性活泼，有时倒悬于树枝下方取食。食物主要为昆虫。

保护现状：《中国生物多样性红色名录》（2021）评估为无危（LC）。

分 布

北京，河北，山西东南部，陕西东南部，宁夏，甘肃南部，云南，四川北部，贵州，湖北，湖南，江西，福建，台湾。

摄影 / 匡中帆

（三十九）树莺科 Cettiidae

147. 棕脸鹟莺

学 名：*Abroscopus albogularis*　**英文名**：Rufous-faced Warbler

形态特征：体长 8~10cm，色彩亮丽。头栗色，具黑色侧冠纹。上体绿色，腰黄色。下体白色，颏及喉杂黑色斑点，上胸沾黄色。头侧栗色，白色眼圈不显著且无翼斑。虹膜褐色；上喙色暗，下喙色浅；脚粉褐色。

生态习性：栖于常绿林及竹林密丛中。

保护现状：《中国生物多样性红色名录》（2021）评估为无危（LC）。

分 布

西藏东南部，河南南部，陕西南部，甘肃南部，云南，四川，重庆，贵州，湖北，湖南，安徽，江西，浙江，福建，广东，香港，广西，海南，台湾。

摄影 / 匡中帆

148. 强脚树莺

学 名：*Horornis fortipes*　　**英文名**：Brownish-flanked Bush Warbler

形态特征：体长 11~13cm，暗褐色。上体纯棕橄榄褐，眉纹皮黄而较狭细，贯眼纹暗褐色；下体浅皮黄色，体侧黄褐色。两侧相似。甚似黄腹树莺但上体的褐色多且深，下体褐色深而黄色少，腹部白色少，喉灰色亦少；叫声也有别。虹膜褐色；上喙深褐，下喙基色浅；脚肉棕色。

生态习性：隐于浓密灌木丛，易闻其声但难将其赶出一见。通常独处。单独或两三只结小群活动。鸣声响亮而动听，十分悦耳。主要以昆虫为食，兼食少量种子。

保护现状：《中国生物多样性红色名录》（2021）评估为无危（LC）。

分布

西藏南部，北京，河南，山西，陕西南部，甘肃南部，云南，四川，重庆，贵州，湖北，湖南，安徽，江西，江苏，上海，浙江，福建，广东，香港，广西，台湾。

摄影 / 匡中帆

149. 栗头树莺

学　名：*Cettia castaneocoronata*　　**英文名**：Chestnut-headed Tesia

形态特征：体长 8~10cm，立姿甚直且色彩艳丽。尾短，头及颈背栗色。上体绿色，下体黄色，眼上后方有一白点。幼鸟上体橄榄褐色，下体橙栗。虹膜褐色；喙褐色，下喙基色浅；脚橄榄褐。

生态习性：常于茂密潮湿森林中近溪流的林下覆盖处活动。沿树枝或圆木侧身移动。垂直迁移的鸟，通常夏季栖息于海拔 2000~4000m，冬季在海拔 2000m 以下的地区。

保护现状：《中国生物多样性红色名录》（2021）评估为无危（LC）。

分布

西藏南部，云南西部，四川，重庆，贵州西北部，湖北，湖南。

摄影 / 李利伟

(四十)长尾山雀科 Aegithalidae

150. 红头长尾山雀

学 名: *Aegithalos concinnus*　**英文名:** Black-throated Tit

形态特征: 体长9~12cm。头顶栗红色；背蓝灰色；喉部中央具黑色斑块；胸带和两胁栗红色；翅和尾黑褐色。两性相似。幼鸟头顶色浅，喉白色，具狭窄的黑色颈纹。虹膜黄色；喙黑色；脚橘黄色。

生态习性: 喜栖于针叶林、阔叶林和竹林灌木丛间。常几只或数十只结群活动。食物主要为昆虫。

保护现状: 《中国生物多样性红色名录》（2021）评估为无危（LC）。

分布

西藏南部、东南部，山东，河南南部，陕西南部，内蒙古中部，甘肃南部，云南，四川，重庆，贵州，湖北，湖南，安徽，江西，江苏，上海，浙江，福建，广东，香港，广西，台湾。

摄影/匡中帆

(四十一)莺鹛科 Sylviidae
151. 棕头鸦雀

学 名: *Praradoxor nis webbianus*　　**英文名:** Vinous-throated Parrotbill

形态特征: 体长11~13cm,体型纤小,粉褐色。头顶至上背红棕色;下背和腰橄榄褐色;翅和尾暗褐色,翅的边缘渲染栗棕色;喉略具细纹;喉和胸粉红色或灰色;腹部淡黄褐色;眼圈不明显。两性相似。虹膜褐色;喙灰或褐色,喙端色较浅;脚粉灰。

生态习性: 活泼而好结群,通常于林下植被及低矮树丛下活动。轻轻的"呸"声易引出此鸟。以动物性食物为主,也取食种子等植物性食物。

保护现状:《中国生物多样性红色名录》(2021)评估为无危(LC)。

分 布

除新疆、西藏、青海外,见于各省份。

摄影 / 匡中帆

152. 灰喉鸦雀

学 名: *Sinosuthora alphonsiana*　**英文名:** Ashy-throated Parrotbill

形态特征: 体小（11~13cm）的灰褐色鸦雀。喙小，粉红色。与棕头鸦雀的区别在于头侧及颈褐灰色。喉及胸具不明显的灰色纵纹。虹膜褐色；脚粉红色。

生态习性: 活泼而好结群，通常于林下植被及低矮树丛。轻轻的"吥"声易引出此鸟。

保护现状:《中国生物多样性红色名录》（2021）评估为无危（LC）。

分布

云南，四川，贵州。

摄影 / 匡中帆

153. 灰头鸦雀

学 名: *Psittiparus gularis*　**英文名**: Grey-headed Parrotbill

形态特征：体大（16~18cm）的褐色鸦雀。特征为头灰色，喙橘黄色。头侧有黑色长条纹，喉中心黑色。下体余部白色。虹膜红褐；喙橘黄；脚灰色。

生态习性：栖息于海拔450~1850m的低地森林的树冠层、林下植被、竹林及灌木丛。吵嚷成群。

保护现状：《中国生物多样性红色名录》（2021）评估为无危（LC）。

分布

陕西南部，云南，四川，重庆，贵州，湖北，湖南，安徽，江西，江苏，上海，浙江，福建，广东，广西，海南。

摄影 / 匡中帆

十七 雀形目 PASSERIFORMES

154. 点胸鸦雀

学 名: *Paradoxornis guttaticollis* **英文名**: Spot-breasted Parrotbill

🐦 **形态特征**：体型较大（18~20cm）的鸦雀。额、头顶和后颈栗棕色；上体余部棕褐色；脸白色或皮黄色；耳羽黑色；下体淡皮黄色；喉和上胸具黑色矢状斑。特征为胸上具深色的倒"V"字形细纹。虹膜褐色；喙橘黄色；脚蓝灰色。

🌿 **生态习性**：栖于灌丛、次生植被及高草丛。常结小群活动。以动物性食物为主，也食种子和果实等植物性食物。

💚 **保护现状**：《中国生物多样性红色名录》（2021）评估为无危（LC）。

分 布

陕西南部，云南西部、西北部，四川西部，贵州，湖北，湖南，江西，浙江，福建，广东北部，广西。

摄影 / 郭 轩

（四十二）绣眼鸟科 Zosteropidae

155. 白领凤鹛

学 名： *Parayuhina diademata*　**英文名：** White-collared Yuhina

形态特征： 体型较大的烟褐色凤鹛，全长 16~18cm。前额和头顶冠羽暗褐色；后枕和眼后枕侧及眼眶白色；眼先、颊部和颏至上喉黑色；背和喉、胸及腹部两侧全为土褐色；飞羽黑色，初级飞羽端部外翈白色；次级飞羽羽轴近白色；尾羽深褐色，羽轴白色；腹部中央和尾下覆羽白色。两性相似。虹膜偏红；喙近黑；脚粉红。

生态习性： 成对或结小群吵嚷活动于海拔 1100~3600m 的灌木丛，冬季下至海拔 800m。

保护现状：《中国生物多样性红色名录》（2021）评估为无危（LC）。

分 布

云南，广西西部，陕西南部，甘肃南部，四川，重庆，贵州，湖北，湖南西部。

摄影 / 匡中帆

156. 栗颈凤鹛

学 名: *Staphida torqueola*　**英文名:** Indochinese Yuhina

🐦 **形态特征:** 体长 12~14cm。头顶具灰色扇形羽冠;耳羽栗色;背、腰和尾上覆羽橄榄灰褐色,具白色羽干纹;尾与翅褐色,外侧尾羽具白端;下体浅灰色。虹膜褐色;喙红褐色,喙端色深;脚粉红色。

🍃 **生态习性:** 栖息于沟谷雨林、常绿阔叶林和稀树灌木丛,非繁殖季节常结小群活动。

💚 **保护现状:**《中国生物多样性红色名录》(2021)评估为无危(LC)。

分 布

陕西南部,云南东南部,四川,重庆,贵州,湖北,湖南,安徽,江西,上海,浙江,福建,广东,广西。

摄影/郭 轩

贵州习水鸟类

157. 黑颏凤鹛

学 名：*Yuhina nigrimenta*　**英文名**：Black-chinned Yuhina

形态特征：体长 9~11cm，偏灰色。前额至头顶冠羽黑色，具宽阔的灰色羽缘，形成鳞状斑纹；眼先黑色；眼圈黑褐沾灰色；头侧和后颈部灰色；上体余部橄榄褐色；飞羽和尾羽深褐色；颏黑色；下体余部黄褐色。两性相似。虹膜褐色；上喙黑，下喙红；脚橘黄。

生态习性：性活泼而喜结群，夏季多见于海拔 530~2300m 的山区森林、过伐林及次生灌木丛的树冠层中，但冬季可下至海拔 300m。有时与其他种类结成大群。以植物种子、花蜜和昆虫为食。

保护现状：《中国生物多样性红色名录》（2021）评估为无危（LC）。

分布

西藏东南部，四川南部，贵州，湖北，湖南，福建，广东。

摄影/郭　轩

158. 红胁绣眼鸟

学 名: *Zosterops erythropleurus*　**英文名:** Chestnut-flanked White-eye

形态特征: 体长 11~13cm。与暗绿绣眼鸟及灰腹绣眼鸟的区别在于全身灰色较多,两胁栗色(有时不显露),下颚色较淡,黄色的喉斑较小,头顶无黄色。虹膜红褐;喙橄榄色;脚灰色。

生态习性: 有时与暗绿绣眼鸟混群。

保护现状: 国家二级重点保护野生动物;《中国生物多样性红色名录》(2021)中评估为无危(LC)。

分 布

除新疆、台湾外,见于各省份。

摄影 / 张卫民

159. 暗绿绣眼鸟

学 名: *Zosterops simplex*　**英文名:** Swinhoe's White-eye

形态特征: 体小群栖型鸟,全长 10~12cm。上体全为绿色,腹面近白色;眼周具极明显的白圈,与其他鸟类很容易区别。无红胁绣眼鸟的栗色两胁及灰腹绣眼鸟腹部的黄色带。虹膜浅褐色;喙灰色;脚偏灰色。

生态习性: 性活泼喧闹,于树顶觅食小型昆虫、小浆果及花蜜。常集群活动。

保护现状:《中国生物多样性红色名录》(2021)评估为无危(LC)。

分 布

辽宁,北京,天津,河北,山东,河南,山西,陕西,内蒙古,甘肃,云南,四川,重庆,贵州,湖北,湖南,安徽,江西,江苏,上海,浙江,福建,广东,香港,澳门,广西,海南,台湾。

摄影 / 匡中帆

十七 雀形目 PASSERIFORMES

160. 灰腹绣眼鸟

学　名：*Zosterops palpebrosus*　**英文名**：Indian White-eye

形态特征：体小（10~11cm）的橄榄绿色绣眼鸟。沿腹中心向下具一道狭窄的柠檬黄色斑纹，眼先及眼区黑色，白色的眼圈较窄。虹膜黄褐；喙黑色；脚橄榄灰色。

生态习性：喜原始林及次生植被。与其他鸟类如山椒鸟等随意混群，形成大群，在高树木的顶层活动。

保护现状：《中国生物多样性红色名录》（2021）评估为无危（LC）。

分布

云南，四川西南部，贵州西南部，广西西南部。

摄影 / 郭　轩

(四十三)林鹛科 Timaliidae
161. 斑胸钩嘴鹛

学　名: *Pomatorhinus erythrocnemis*　**英文名:** Spot-breasted Scimitar Babbler

形态特征: 体长 21~25cm。喙褐色,头顶及颈背红褐而具深橄榄褐色细纹;背、两翼及尾纯棕色;脸颊、两胁及尾下覆羽呈亮丽橙褐色;下体余部偏白,胸具灰色点斑及纵纹。虹膜黄色至栗色。

生态习性: 常隐于近地面的高草丛或稠密灌木丛,有时在树顶鸣叫。

保护现状:《中国生物多样性红色名录》(2021)评估为无危(LC)。

分布

河南西北部,山西南部,陕西南部,甘肃南部,四川,西藏,云南,重庆,贵州,湖北西南部。

摄影 / 匡中帆

162. 棕颈钩嘴鹛

学 名: *Pomatorhinus ruficollis*　**英文名**: Streak-breasted Scimitar Babbler

形态特征：体型略小的褐色钩嘴鹛，全长 16~19cm。头顶和背羽橄榄褐色，后颈和颈侧棕红色；具显著的白色眉纹；颏、喉至胸白色；胸部具橄榄褐色或棕栗红色与白色相间的纵纹，下体余部橄榄褐以致棕褐色。两性相似。虹膜褐色；上喙黑色，下喙黄色；脚铅褐色。

生态习性：栖息于常绿阔叶林、竹林和次生灌木丛地带。结小群活动，鸣叫声优雅动听，清脆而富有韵律。性杂食。

保护现状：《中国生物多样性红色名录》（2021）评估为无危（LC）。

分 布

西藏东南部，云南，四川，河南南部，陕西南部，甘肃西部、东南部，重庆，贵州，湖北，湖南，江苏南部，上海，浙江，江西，福建，广东北部，广西北部，海南。

摄影 / 匡中帆

163. 红头穗鹛

学 名: *Stachgris ruficeps*　　**英文名:** Rufous-capped Babbler

形态特征: 体型小的褐色穗鹛,全长 12~13cm。前额、头顶至后枕呈棕红或栗红色;背羽橄榄绿褐色;脸部淡黄,伴有斑杂褐色;飞羽和尾羽表面绿褐色;颏、喉淡黄,具纤细的黑色羽干纹;胸和腹部中央浅灰黄色;胁和尾下覆羽橄榄绿褐色。两性相似。虹膜红色;上喙近黑色,下喙较淡;脚棕绿色。

生态习性: 栖息于低山丘陵和平原,常见十多只或数十只结群,在林缘灌草丛中活动。觅食昆虫和种子、果实等。鸣声似"呼——呼——呼呼"。

保护现状:《中国生物多样性红色名录》(2021)评估为无危(LC)。

分 布

西藏东南部,河南,陕西南部,云南,四川,重庆,贵州,湖北,湖南,安徽,江西,浙江,福建,广东,广西,海南,台湾。

摄影 / 匡中帆

（四十四）幽鹛科 Pellorneidae

164. 褐胁雀鹛

学　名： *Schoeniparus dubius*　　**英文名：** Rusth-capped Fulvetta

形态特征： 中等体型褐色雀鹛，全长 14~15cm。头顶棕褐色；眼先黑色；显眼的白色的眉纹上有黑色的侧冠纹；上体橄榄褐色；翅和尾表面棕褐色；喉白色；下体余部浅皮黄色；两胁沾橄榄褐。脸颊及耳羽有黑白色细纹。虹膜褐色；喙深褐色；脚粉色。

生态习性： 栖息于常绿阔叶林、针阔叶混交林、稀树灌木丛草坡、林缘耕地灌木丛等生境中。多结群活动于林下灌木丛中，亦常在地面腐殖土中刨食。

保护现状：《中国生物多样性红色名录》（2021）评估为无危（LC）。

分 布

云南，四川，重庆，贵州，湖北，湖南西部，广西。

摄影 / 匡中帆

165. 褐顶雀鹛

学 名：*Schoeniparus brunneus*　　**英文名**：Dusky Fulvetta

形态特征：体型略大（13~14cm）的褐色雀鹛。顶冠棕褐，似棕喉雀鹛但无棕色项纹且前额黄褐色。下体皮黄，与栗头雀鹛的区别在于两翼纯褐色。与褐胁雀鹛的区别主要在于无白色眉纹。虹膜浅褐或黄红色；喙深褐；脚粉红。

生态习性：栖于海拔 400~1830m 的常绿林及落叶林的灌木丛层。

保护现状：《中国生物多样性红色名录》（2021）评估为无危（LC）。

分 布

陕西南部，云南东北部，四川东南部，重庆，贵州，湖北，甘肃中部，四川，重庆，湖南，安徽，江西，浙江，福建，广东，广西，台湾，海南。

摄影 / 阎水健

（四十五）雀鹛科 Alcippeidae
166. 灰眶雀鹛

学　名：*Alcippe davidi*　**英文名**：David's Fulvetta

形态特征：体型略大的喧闹而好奇的群栖型雀鹛，全长 12~14cm。头顶、颈和上背褐灰色，头侧和颈侧灰色，具近白色眼圈和暗色侧冠纹；上体和翅、尾的表面橄榄褐色；喉灰色；下体余部淡皮黄色至赭黄色；两胁沾橄榄褐色。两性相似。虹膜红色；喙灰色；脚偏粉。

生态习性：栖息于常绿阔叶林、针阔叶混交林、针叶林、稀树灌木丛、竹丛和农田居民区等多种生境中。常几只成群，有时多达数十只活动。

保护现状：《中国生物多样性红色名录》（2021）评估为无危（LC）。

分布

河南，陕西南部，甘肃东南部，云南，四川，重庆，贵州，湖北西部，湖南，江西，安徽，浙江，福建，广东东北部，澳门，广西，海南，台湾。

摄影 / 匡中帆

（四十六）噪鹛科 Leiothrichidae

167. 画 眉

学 名：*Garrulax canorus*　**英文名**：Chinese Hwamei

形态特征：体型略小的棕褐色鹛，全长21~24cm。头顶至后颈和背羽橄榄褐色，渲染棕黄色；翅和尾羽棕黄褐色；喉、胸和胁部及尾下覆羽棕黄或皮黄色；前额、头顶至上背和喉至上胸具暗褐色羽干纹；腹部中央灰色；眼圈和眉纹白色，犹如蛾眉状，故有"画眉"鸟之称。虹膜黄色；喙偏黄色；脚偏黄色。

生态习性：栖息于低山丘陵地带，在灌木丛、草丛、竹林中活动觅食。以昆虫（主要是甲虫、鳞翅目幼虫）、野果、草子以及蚯蚓为食。

保护现状：国家二级重点保护野生动物；《濒危野生动植物种国际贸易公约》中列入附录Ⅱ；《中国生物多样性红色名录》（2021）均评估为近危（NT）。

分布

河南南部，陕西南部，甘肃南部，云南，四川，重庆，贵州，湖北，湖南，安徽，江西，江苏，上海，浙江，福建，广东，香港，澳门，广西。

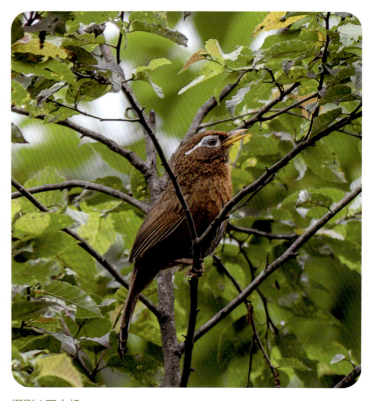

摄影 / 匡中帆

168. 褐胸噪鹛

学　名: *Garrulax maesi*　**英文名**: Grey Laughingthrush

形态特征：中等体型（27~30cm）的深色噪鹛。似黑喉噪鹛但耳羽浅灰，其上方及后方均具白边。与白颈噪鹛的区别在于灰色较重。海南亚种 castanotis 的耳羽为亮丽棕色，耳羽后几无白色，喉及上胸深褐。虹膜褐色；喙黑色；脚深褐。

生态习性：常隐匿于山区常绿林的林下密丛。

保护现状：国家二级重点保护野生动物；《中国生物多样性红色名录》（2021）评估为无危（LC）。

分布

西藏东南部，四川中西部，云南东北部、东南部，重庆西南部，贵州，广西，广东北部。

摄影/郭　轩

169. 灰翅噪鹛

学　名: *Ianthocincla cineraceus*　**英文名**: Moustached Laugthingthrush

形态特征：体型略小且具醒目图纹的噪鹛，全长 21~24cm。头顶、颈背、眼后纹、髭纹及颈侧细纹黑色；上体橄榄绿褐色或棕黄褐色；初级飞羽外缘烟灰色，内侧飞羽和尾羽具白色端斑与黑色髭纹；下体皮黄色。两性相似。虹膜乳白；喙角质色；脚暗黄。

生态习性：成对或结小群活动于低山丘陵地带的阔叶林、针阔叶混交林及稀疏灌木丛、竹丛等生境。杂食性。

保护现状：《中国生物多样性红色名录》（2021）评估为无危（LC）。

分 布

西藏东南部，陕西西南部，甘肃南部，云南西部、东南部，四川，重庆，贵州，湖北，湖南，安徽，江西，江苏，浙江，上海，福建，广东，广西。

摄影 / 郭　轩

170. 白颊噪鹛

学　名：*Pterorhinus sannio*　**英文名**：White-browed Laughingthrush

形态特征：中等体型的灰褐色噪鹛，全长 22~25cm。头顶栗红褐色；眼先、眉纹和颊部白色；背面纯棕褐或橄榄褐色；腹部皮黄；肛羽和尾下覆羽铁锈黄色。两性相似。皮黄白色的脸部图纹系眉纹及下颊纹由深色的眼后纹所隔开。虹膜褐色；喙褐色；脚灰褐。

生态习性：不惧人。栖息于次生灌木丛、竹丛及林缘空地。叫声嘈杂而响亮。杂食性。

保护现状：《中国生物多样性红色名录》（2021）评估为无危（LC）。

分布

西藏东南部，陕西南部，甘肃南部，云南，四川，重庆，贵州，湖北，湖南，安徽，江西，浙江，福建，广东，广西，海南。

摄影 / 匡中帆

171. 黑脸噪鹛

学　名: *Pterorhinus perspicillatus*　　**英文名**: Masked Laughingthrush

形态特征：体型略大（28~30cm）的灰褐色噪鹛。额及眼罩黑色；上体暗褐；外侧尾羽端宽，深褐；下体偏灰渐次为腹部近白，尾下覆羽黄褐。虹膜褐色；喙近黑，喙端较淡；脚红褐。

生态习性：结小群活动于浓密灌木丛、竹丛、芦苇地、田地及城镇公园。多在地面取食。性喧闹。

保护现状：《中国生物多样性红色名录》（2021）评估为无危（LC）。

分 布

山东，河南，山西南部，陕西，云南东南部，四川，重庆，贵州，湖北，湖南，安徽，江西，江苏，上海，浙江，福建，广东，香港，澳门，广西。

摄影/郭　轩

172. 矛纹草鹛

学　　名: *Pterorhinus lanceolatus*　　**英文名**: Chinese Babax

形态特征：体型略大而多具纵纹的鹛，全长 25~29cm。头顶暗栗红褐色，缘棕褐色；背羽满布粗著的暗栗褐色与淡灰褐色相间的纵纹；翅和尾羽褐色；头侧淡棕黄白色，斑杂黑褐色；喉部两侧有粗著的黑色颚纹；颏、喉至胸和腹部淡皮黄白色；胸和腹部两侧满布栗褐色和黑色相并的粗、细纵纹；尾下覆羽灰褐，羽端淡黄褐色。虹膜黄色；喙黑色；脚粉褐。

生态习性：甚吵嚷，栖于开阔的山区森林及丘陵森林的灌木丛、棘丛及林下植被。结小群于地面活动和取食。性甚隐蔽，但喜停歇于突出处鸣叫。

保护现状：《中国生物多样性红色名录》（2021）评估为无危（LC）。

分布

西藏东部，河南，陕西西南部，甘肃南部，云南，四川，重庆，贵州，湖北西部，湖南西部，江西，福建，广东北部，广西。

摄影 / 吴忠荣

173. 棕噪鹛

学　名：*Pterorhinus berthemyi*　**英文名**：Rusty Laughingthrush

形态特征：体型略大（27~29cm）的棕褐色噪鹛。眼周蓝色裸露皮肤明显。头、胸、背、两翼及尾橄榄栗褐色，顶冠略具黑色的鳞状斑纹。腹部及初级飞羽羽缘灰色，臀白。虹膜褐色；喙偏黄，喙基蓝色；脚蓝灰。

生态习性：结小群栖于丘陵及山区原始阔叶林的林下植被及竹林层。惧生，不喜开阔地区。

保护现状：国家二级重点保护野生动物；《中国生物多样性红色名录》（2021）评估为无危（LC）；中国特有种。

分布

四川东南部，贵州，湖北，湖南，安徽，江西，江苏，浙江，福建，广东北部。

摄影/程　立

174. 红尾噪鹛

学　名：*Trochalopteron milnei*　　**英文名**：Red-tailed Laughingthrush

形态特征：中等体型（25~27cm）的噪鹛。两翼及尾绯红。顶冠及颈背棕色，背及胸具灰色或橄榄色鳞斑。耳羽浅灰。诸亚种在背部及耳羽的色彩上略有差异。虹膜深褐；喙偏黑；脚偏黑。

生态习性：作喧闹的求偶炫耀舞蹈表演，尾抽动并扑打绯红色的两翼。结群栖息于常绿林的稠密林下植被及竹丛。

保护现状：国家二级重点保护野生动物；《中国生物多样性红色名录》（2021）评估为无危（LC）。

分　布

云南，重庆，贵州，湖北，湖南，广东北部，广西，福建西北部。

摄影 / 郭　轩

175. 红尾希鹛

学 名: *Minla ignotincta*　**英文名:** Red-tailed Minla

形态特征: 体长 13~15cm。宽阔的白色眉纹与黑色的顶冠、颈背及宽眼纹成对比,尾缘及初级飞羽羽缘均红。背橄榄灰色,两翼余部黑色而缘白,尾中央黑色,下体白而略沾奶色。雌鸟及幼鸟翼羽羽缘较淡,尾缘粉红。虹膜灰色;喙灰色;脚灰色。

生态习性: 群栖性,常见于山区阔叶林并加入"鸟浪"。

保护现状:《中国生物多样性红色名录》(2021)评估为无危(LC)。

分布

西藏东南部,云南,四川,重庆,贵州,湖北,湖南南部,广西。

摄影/郭　轩

176. 蓝翅希鹛

学　名: *Actinodura cyanouroptera*　　**英文名**: Blue-winged Minla

- **形态特征**：体长 14~15cm。两翼、尾及头顶蓝色。上背、两胁及腰黄褐，喉及腹部偏白，脸颊偏灰。眉纹及眼圈白。尾甚细长而呈方形，从下看为白色具黑色羽缘。虹膜褐色；喙黑色；脚粉红。

- **生态习性**：性活泼，结小群活动于树冠的高低各层。

- **保护现状**：《中国生物多样性红色名录》（2021）评估为无危（LC）。

分 布

西藏东南部，云南，四川，重庆，贵州，湖北，湖南南部，广东，广西西南部，海南。

摄影 / 匡中帆

贵州习水鸟类

177. 红嘴相思鸟

学　名：*Leiothrix lutea*　　**英文名**：Red-billed Leiothrix

形态特征：体长 14~15cm，色彩艳丽且叫声动人。前额和头顶橄榄绿褐色；背和肩羽灰绿色；喉部黄色，胸橙黄色；腹淡黄白色；翅和尾羽黑色，飞羽外缘黄色和红色，形成翅斑；尾端呈浅叉状，外侧尾羽最长而稍曲；尾上覆羽较长呈灰绿褐色，具白色端缘；尾下覆羽浅黄色。虹膜褐色；喙红色；脚粉红色。

生态习性：吵嚷成群栖息于次生林的林下植被。鸣声欢快、色彩华美及相互亲热的习性使其常为笼中宠物。休息时常紧靠一起相互舔整羽毛。

保护现状：国家二级重点保护野生动物；《濒危野生动植物种国际贸易公约》中列入附录Ⅱ；《中国生物多样性红色名录》（2021）评估为无危（LC）。

分布

西藏东南部，河南南部，陕西南部，甘肃南部，云南，四川，重庆，贵州，湖北，湖南，安徽南部，江西，上海，浙江，福建，广东，澳门，广西。

摄影/孙运刚

178. 黑头奇鹛

学　名: *Heterophasia desgodinsi*　**英文名**: Black-headed Sibia

形态特征：体长 20~24cm，灰色。头、尾及两翼黑色，上背沾褐，顶冠有光泽。中央尾羽端灰而外侧尾羽端白。喉及下体中央部位白，两胁烟灰。虹膜褐色；喙黑色；脚灰色。

生态习性：栖息于海拔 1200m 以上的山区森林中。在苔藓和真菌覆盖的树枝上悄然移动，性甚隐秘且动作笨拙。

保护现状：《中国生物多样性红色名录》（2021）评估为无危（LC）。

分布

陕西南部，云南，四川西南部，贵州，湖北，湖南，广西西部。

摄影 / 张卫民

（四十七）河乌科 Cinclidae

179. 褐河乌

学　名：*Cinclus pallasii*　**英文名**：Brown Dipper

- **形态特征**：全长 18~22cm。通体暗棕褐色，尾较短。两性相似。有时眼上的白色小块斑明显。虹膜褐色；喙、脚深褐色。

- **生态习性**：栖息于山谷溪流、河滩和沼泽地间，常单独活动或成对站立在溪流的岩石上，头、尾常不断的上下摆动。飞行迅速，但飞行距离较短，一般贴近水面，沿河直线飞行。

- **保护现状**：《中国生物多样性红色名录》（2021）评估为无危（LC）。

分布

除海南外，见于各省份。

摄影 / 匡中帆

（四十八）椋鸟科 Sturnidae

180. 八 哥

学 名：*Acridotheres cristatellus*　**英文名**：Crested Myna

形态特征：体长 23~28cm。通体黑色；额基羽冠较短，翅上具白斑，飞行时尤为明显；尾下覆羽和外侧尾羽端缘白色。两性相似。与林八哥的区别在于冠羽较长，喙基部呈红或粉红色，尾端有狭窄的白色，尾下覆羽具黑及白色横纹。虹膜橘黄；喙浅黄色，喙基红色；脚暗黄色。

生态习性：栖息于丘陵或平原的林缘以及村寨附近耕地、林地间。性喜结群，常十余只或数十只结群，有时也见在牛背啄食其体外寄生虫。常成群跟随于耕地的牛后啄食蚯蚓和各种昆虫。杂食性，以昆虫等动物性食物为主，也取食植物果实和种子。

保护现状：《中国生物多样性红色名录》（2021）评估为无危（LC）。

分 布

北京，山东，河南南部，陕西南部，甘肃南部，新疆南部，云南，四川，重庆，贵州，湖北，湖南，江西，江苏，上海，浙江，福建，广东，香港，澳门，广西，海南，台湾。

摄影 / 匡中帆

181. 丝光椋鸟

学　名：*Spodiopsar sericeus*　**英文名**：Red-billed Starling

形态特征：体长 20~23cm，灰色及黑白色。雄鸟头白色；上体深灰色，下体浅灰色；两翅和尾黑色，翅上具白斑。雌鸟头污灰白色；背灰褐色；下体浅灰褐色；翅上白斑较小。虹膜黑色；喙红色，喙端黑色；脚暗橘黄。

生态习性：栖息于较开阔的平原、耕作区以及农田边和村落附近的针阔叶混交林、稀疏林中，3~5 只结小群活动。鸣声清脆响亮。以昆虫等动物性食物为主，亦食种子、果实等植物性食物。

保护现状：《中国生物多样性红色名录》（2021）评估为无危（LC）。

分布

辽宁，北京，天津，河北，山东，河南南部，陕西南部，内蒙古中部，甘肃，云南南部，四川中部和东部，重庆，贵州，湖北，湖南，安徽南部，江西，江苏，上海，浙江，福建，广东，香港，澳门，广西，海南，台湾。

摄影/郭　轩

182. 灰椋鸟

学 名: *Spodiopsar cineraceus*　　**英文名:** White-cheeked Starling

形态特征: 体型中等(19~23cm),灰褐色。头部黑色,头侧具白色纵纹。腰部、臀部、外侧尾羽羽端和次级飞羽上的狭窄横纹均为白色。雌鸟体色浅而暗。虹膜偏红色,喙黄色,喙端黑色,跗跖暗橙色。

生态习性: 喜原始林及次生植被。形成大群,与其他鸟类如山椒鸟等随意混群,在最高树木的顶层活动。

保护现状:《中国生物多样性红色名录》(2021)评估为无危(LC)。

分布

见于各省份。

摄影 / 郭 轩

（四十九）鸫 科 Turdidae
183. 虎斑地鸫

学 名： *Zoothera aurea* **英文名：** Scaly Thrush

形态特征： 体大且具粗大的褐色鳞状斑纹的地鸫，全长25~27cm。上体羽橄榄黄褐色，满布皮黄色次端和黑色端斑及淡黄白色纤细羽干纹；下体近白色，亦具皮黄色次端和黑色端斑；胸部多皮黄色，黑斑较密集；飞羽内翈黑褐色，近中部有一道明显的淡棕白色翅斑，飞翔时可见。两性相似。虹膜褐色；喙深褐色；脚带粉色。

生态习性： 栖息于茂密森林中，于森林地面取食。冬季结小群。杂食，主要以动物为食，尤嗜蚯蚓。

保护现状：《中国生物多样性红色名录》（2021）评估为无危（LC）。

分 布

见于各省份。

摄影/黄吉红

184. 乌 鸫

学 名：*Turdus mandarinus*　**英文名**：Chinese Blackbird

形态特征：体深色的大型鸫。体长 28~29cm。雄鸟通体黑色，喙橙黄色，眼圈色略浅，跗跖黑色。雌鸟上体黑褐色，下体深褐色，喙暗绿黄色及黑色。

生态习性：觅食于地面，在树叶中安静地翻找蠕虫等无脊椎动物，冬季也食浆果等果实。

保护现状：《中国生物多样性红色名录》（2021）评估为无危（LC）；中国特有种。

分 布

北京，河北，山东，河南，山西，陕西，内蒙古中部，甘肃南部，云南，四川，重庆，贵州，湖北，湖南，安徽，江西，江苏，上海，浙江，福建，广东，香港，澳门，广西，海南，台湾。

摄影 / 匡中帆

185. 斑鸫

学　名：*Turdus eunomus*　　**英文名**：Dusky Thrush

形态特征：体长22~25cm，具有明显黑白型图案。翼下覆羽和棕色宽阔翼斑浅棕色。雄鸟黑色的耳羽和斑与白色的腹部、眉纹以及臀部形成对比。下腹部黑色并具白色鳞状斑。雌鸟似雄鸟、体羽为暗淡的褐色和皮黄色，下胸黑点纹又较小，眉纹白色。

生态习性：栖息于开阔的多草地带及田野。冬季集大群。

保护现状：《中国生物多样性红色名录》（2021）评估为无危（LC）。

分布：除西藏外，见于各省份。

摄影 / 郭　轩

十七 雀形目 PASSERIFORMES

186. 宝兴歌鸫

学 名: *Turdus mupinensis* **英文名:** Chinese Thrush

形态特征: 中等体型（20~24cm）的鸫。上体褐色，下体皮黄并具明显的黑点。与欧歌鸫的区别在于耳羽后侧具黑色斑块，白色的翼斑醒目。虹膜褐色；喙污黄色；脚暗黄色。

生态习性: 一般栖息于林下灌木丛。单独或结小群活动。甚惧生。

保护现状:《中国生物多样性红色名录》（2021）评估为无危（LC）。

分 布

北京，天津，河北，山东，山西，陕西，内蒙古东部，宁夏，甘肃，西藏东南部，青海东部，云南，四川，重庆，贵州，湖北，湖南，安徽，江西，江苏，上海，浙江，广东，广西。

摄影 / 张卫民

（五十）鹟 科 Muscicapidae

187. 鹊 鸲

学 名：*Copsychus saularis* **英文名**：Oriental Magpie-Robin

形态特征：中等体型的黑白色鸲，体长 19~22cm。雄鸟上体亮黑色，翅上有显著的白色斑块；外侧尾羽大都白色；喉至上胸亮黑色；下体余部白色。雌鸟上体的黑色不如雄鸟辉亮而呈黑灰色；喉至上胸黑色；下体余部白色；喉至上胸灰色；余部与雄鸟相似。停栖时，尾羽常上翘成直角。亚成鸟似雌鸟但为杂斑。虹膜褐色；喙及脚黑色。

生态习性：栖息于居民点附近的树木上和竹林内，常在粪坑周围活动，觅食蝇蛆，亦见于平原农田和房前屋后的田圃及树林。多见单独或成对活动，觅食昆虫。鸣声响亮而动听，常作为观赏笼鸟。

保护现状：《中国生物多样性红色名录》（2021）评估为无危（LC）。

分 布

西藏东南部，河南南部，陕西南部，甘肃东南部，云南，四川，重庆，贵州，湖北，湖南，安徽，江西，江苏，上海，浙江，福建，广东，香港，澳门，广西，海南。

摄影/匡中帆　李　毅

188. 乌鹟

学　名: *Muscicapa sibirica*　　**英文名**: Dark-sided Flycatcher

形态特征：体型略小的烟灰色鹟，全长 12~14cm。成鸟乌灰褐色；眼圈白色；喉、胸和胁灰褐，杂以白色纵纹，具明显的白色喉斑；腹部中央白色；翅形尖长，折合时覆盖尾长的 2/3 以上。两性相似。幼鸟上体乌褐具皮黄色斑点，下体污白具暗褐色羽缘，呈斑杂状。虹膜深褐；喙和脚黑色。

生态习性：栖息于山区或山麓森林的林下植被层及林间。紧立于裸露低枝，冲出捕捉过往昆虫。单独或 3~5 只结群活动、觅食。

保护现状：《中国生物多样性红色名录》（2021）评估为无危（LC）。

分布

西藏东南部，青海南部，内蒙古，黑龙江，吉林，辽宁，北京，天津，河北，山东，山西，陕西，甘肃南部，云南，四川，贵州，湖南，江西，上海，浙江，福建，广东，香港，澳门，广西，海南，台湾。

摄影 / 匡中帆

189. 北灰鹟

学　名：*Muscicapa dauurica*　**英文名**：Asian Brown Flycatcher

形态特征：体型略小的灰褐色鹟，体长 11~13cm。灰褐色；翅上覆羽、飞羽和尾羽暗褐；大覆羽和内侧飞羽边缘淡棕色；眼圈白色；胸和两胁淡灰褐；颏、喉和腹部及尾下覆羽白色。两性相似。胸部不具白色纵纹。背羽多灰而少橄榄黄褐色；下喙尖端黑；脚黑褐。虹膜褐色；喙黑色，下喙基黄色；脚黑色。

生态习性：多栖息于山地树林间。常停留在树枝上，见有食物方才迅速飞下捕捉，然后返回原枝上。

保护现状：《中国生物多样性红色名录》（2021）评估为无危（LC）。

分　布

见于各省份。

摄影 / 匡中帆

190. 白喉林鹟

学 名: *Cyornis brunneatus*　**英文名**: Brown-chested Jungle Flycatcher

形态特征：中等体型（14~16cm）偏褐色鹟，胸带浅褐。颈近白而略具深色鳞状斑纹，下颚色浅。亚成鸟上体皮黄而具鳞状斑纹，下颚尖端黑色。看似翼短而喙长。虹膜褐色；喙上颚近黑色，下颚基部偏黄色；脚粉红色或黄色。

生态习性：栖息于海拔1100m以下的林缘下层、茂密竹丛、次生林及人工林。

保护现状：国家二级重点保护野生动物；《中国生物多样性红色名录》（2021）评估为易危（VU）。

分 布

河南，云南，贵州，湖北，湖南，安徽，江西，江苏，上海，浙江，福建，广东，香港，广西，台湾。

摄影 / 张卫民

191. 铜蓝鹟

学 名: *Eumyias thalassinus*　　**英文名**: Verditer Flycatcher

形态特征：体型略大（14~17cm）全身绿蓝色的鹟。雄鸟眼先黑色；雌鸟色暗，眼先暗黑。尾下覆羽具偏白色鳞状斑纹。亚成鸟灰褐沾绿，具皮黄及近黑色的鳞状纹及斑点。与雄性纯蓝仙鹟的区别在于喙较短，绿色较浓，蓝灰色的臀具偏白色的鳞状斑纹。虹膜褐色；喙黑色；脚近黑。

生态习性：栖息于热带和亚热带山地阔叶林、针叶林、针阔叶混交林和灌木丛地带。常见单独或成对活动，主要觅食昆虫。

保护现状：《中国生物多样性红色名录》（2021）评估为无危（LC）。

分 布

北京，山东，陕西，西藏南部，云南，四川，重庆，贵州，湖北，湖南，江西，上海，浙江，福建，广东，香港，澳门，广西，台湾。

摄影 / 匡中帆

192. 红胁蓝尾鸲

学 名: *Tarsiger cyanurus*　**英文名**: Orange-flanked Bluetail

形态特征：体型略小而喉白的鸲，体长 12~14cm。下体污白，胁部橙红黄色；尾部蓝色；雄鸟上体蓝色或褐色而渲染蓝灰色，眉纹白；雌鸟上体褐色，仅尾上覆羽和尾羽有蓝色。虹膜褐色；喙黑色；脚灰色。

生态习性：栖息于湿润山地森林及次生林的林下低处。主要以昆虫为食。

保护现状：《中国生物多样性红色名录》（2021）评估为无危（LC）。

分布

除西藏外，见于各省份。

摄影 / 黄吉红　郭　轩

193. 小燕尾

学　名：*Enicurus scouleri*　**英文名**：Little Forktail

形态特征：体长 12~14cm。额、头顶前部、背的中部和尾上覆羽白色；上体其余部分深黑色；两翼黑褐色，大覆羽先端和飞羽基部白色，形成一道宽阔的白色翼斑；内侧飞羽的外缘白色中央尾羽黑色而基部白色；外侧尾羽的白色逐渐扩大，至最外侧尾羽几乎为纯白色面仅具黑端；颏、喉和上胸黑色，下体其余部分白色，两胁略带黑褐色。虹膜褐色；喙黑色；脚肉色。

生态习性：其活跃生活在山涧溪边，多成对活动。尾部有节奏地上下摆动或散开。食物主要为昆虫。

保护现状：《中国生物多样性红色名录》（2021）评估为无危（LC）。

分布

陕西南部，甘肃南部，西藏南部，云南，四川，重庆，贵州，湖北，湖南，江西，浙江，福建，广东，香港，台湾。

摄影 / 匡中帆

194. 灰背燕尾

学　名：*Enicurus schistaceus*　　**英文名**：Slaty-backed Forktail

形态特征：体长 22~25cm。前额白色；头顶至背和肩呈蓝灰色；腰至尾上覆羽为白色；翅黑褐，具白色翅斑；颏、喉部黑色；下体余部白色；中央尾羽大部黑色，基部和羽端白色；外侧尾羽纯白色。两性相似。虹膜褐色；喙黑色；脚粉红色。

生态习性：栖息于山间溪流和河流边缘的灌木、石头上。常在浅水滩的石头缝隙间觅食水生昆虫及螺类等小动物。

保护现状：《中国生物多样性红色名录》（2021）评估为无危（LC）。

分布

陕西，云南，四川，贵州，湖北，湖南，江西，浙江，福建，广东，香港，广西，海南。

摄影/匡中帆

195. 白额燕尾

学 名：*Enicurus leschenaulti*　**英文名**：White-crowned Forktail

形态特征：体长 25~28cm。前额至头顶白色；头顶的羽毛较长呈冠状；头顶后部至背和肩羽及头、颈两侧和颏、喉至胸部纯黑色；腰至尾上覆羽和下体余部纯白色；翅黑褐色，具大形白色翅斑；尾羽除外侧两对纯白色外，其余尾羽大部黑褐色，羽基和羽端白色。虹膜褐色；喙黑色；脚偏粉红色。

生态习性：性活跃好动，喜多岩石的湍急溪流及河流。停栖于岩石或在水边行走，寻找食物并不停地展开叉形长尾。飞行近地面并上下起伏，边飞边叫。食性以水生昆虫为主。

保护现状：《中国生物多样性红色名录》（2021）评估为无危（LC）。

分布

西藏东南部，河南南部，山西，陕西南部，内蒙古中部，宁夏，甘肃南部，云南，四川，重庆，贵州，湖北，湖南，安徽，江西，江苏，上海，浙江，福建，广东，广西，海南。

摄影 / 匡中帆

196. 紫啸鸫

学 名: *Myophonus caeruleus*　　**英文名:** Blue Whistling Thrush

形态特征: 体长 29~35cm。通体深蓝紫色，并具有蓝色闪亮斑点。翼及尾沾紫色闪辉，头及颈部的羽尖具闪光小羽片。指名亚种喙黑色；中覆羽羽尖白色。虹膜褐色；喙黄色或黑色；脚黑色。

生态习性: 栖息于临河流、溪流或密林中的多岩石露出处。地面取食，受惊时慌忙逃至躲避处并发出尖厉的警叫声。觅食昆虫和小动物，有时也到厕所内取食蝇蛆。

保护现状:《中国生物多样性红色名录》（2021）评估为无危（LC）。

分 布

新疆，西藏，北京，河北，山东，河南，山西，陕西，内蒙古东部，宁夏，甘肃，云南，四川，贵州，湖北，湖南，安徽，江西，江苏，上海，浙江，福建，广东，广西，香港，澳门。

摄影 / 匡中帆

197. 白眉姬鹟

学　名：*Ficedula zanthopygia*　**英文名**：Yellow-rumped Flycatcher

形态特征：体长 12~14cm。雄鸟腰、喉、胸及上腹黄色，下腹、尾下覆羽白色，其余黑色，仅眉线及翼斑白色。雌鸟上体暗褐，下体色较淡，腰暗黄。雄鸟白色眉纹和黑色背部及雌鸟的黄色腰各有别于黄眉姬鹟的雄雌两性。虹膜褐色；喙黑色；脚黑色。

生态习性：喜海拔 1000m 以下的灌木丛及近水林地。

保护现状：《中国生物多样性红色名录》（2021）评估为无危（LC）。

分 布

除宁夏、新疆、西藏外，见于各省份。

摄影 / 匡中帆

198. 黄眉姬鹟

学 名: *Ficedula narcissina*　**英文名**: Narcissus Flycatcher

形态特征：体长 13~14cm。雄鸟指名亚种上体黑色，腰黄，翼具白色块斑，以黄色的眉纹为特征，下体多为橘黄色。亚种 *elisae* 的背偏绿，眼先黄，无眉纹，下腹部及尾下覆羽黄色。雌鸟上体橄榄灰，尾棕色，下体浅褐沾黄。与白眉姬鹟的区别在于腰无黄色。虹膜深褐色；喙蓝黑色；脚铅蓝色。

生态习性：具有鹟类的典型特性，从树的顶层及树间捕食昆虫。

保护现状：《中国生物多样性红色名录》（2021）评估为无危（LC）。

分 布

吉林，北京，天津，河北，山东，重庆，湖南，安徽，江西，江苏，上海，浙江，福建，广东，香港，澳门，广西，海南，台湾。

摄影 / 黄吉红

199. 红喉姬鹟

学　名: *Ficedula albicilla*　**英文名**: Taiga Flycatcher

形态特征：体型小的褐色鹟，体长 12~14cm。上体灰褐色；翅暗褐，外缘淡棕褐色；尾上覆羽和中央尾羽黑色；外侧尾羽基部白色，端部黑褐色；下体污白；胸淡灰褐；雄鸟喉部橙黄色，雌鸟喉部白色。虹膜深褐色；喙黑色；脚黑色。

生态习性：栖息于林缘及河流两岸的较小树上，有险情时冲至隐蔽处。尾展开显露基部的白色并发出粗哑的咯咯声。以昆虫为食。

保护现状：《中国生物多样性红色名录》（2021）评估为无危（LC）。

分　布

见于各省份。

摄影 / 黄吉红

十七 雀形目
PASSERIFORMES

200. 赭红尾鸲

学　名：*Phoenicurus ochruros*　**英文名**：Black Redstart

形态特征：中等体型（14~15cm）。头部、喉部、胸部上方、背部、两翼、中央尾羽为黑色，顶冠和枕部灰色，胸部下方、腹部、尾下覆羽、腰部和外侧尾羽棕色。雌鸟无翼斑。虹膜褐色；喙污黄；脚暗黄。

生态习性：见于不同海拔高度的开阔地区常在家舍周围、庭院和农田中活动。单独或结小群。领域性强，从停歇处飞出捕食。常点头摆尾。

保护现状：《中国生物多样性红色名录》（2021）评估为无危（LC）。

分布

北京，河北，山东，山西，陕西，内蒙古，宁夏，甘肃，西藏，青海，云南西部，四川，重庆，贵州，湖北，湖南，上海，浙江，广东，香港，海南，台湾。

摄影 / 韦　铭

201. 北红尾鸲

学　名: *Phoenicurus auroreus*　**英文名:** Daurian Redstart

形态特征: 中等体型而色彩艳丽的红尾鸲,体长13~15cm。雄鸟头顶至上背石板灰色;头侧和颊、喉、背和肩羽及两翅黑色;翅上内侧飞羽具白色块斑;腰至尾上覆羽棕黄色;中央尾羽黑褐色;外侧尾羽棕黄色;下体余部棕黄色。雌鸟头顶、后颈至背和肩羽暗橄榄褐色;翅黑褐色;外缘橄榄褐色;内侧飞羽亦具白色块斑;头颈两侧和胸部橄榄褐色;颏、喉近白沾橄榄褐色;腹淡皮黄;尾羽与雄鸟相似。虹膜褐色;喙黑色;脚黑色。

生态习性: 栖息于林缘灌木丛、草丛及田园耕作地边缘和居民点附近的林木上,常见单独或成对活动,以昆虫及杂草种子和野果为食。

保护现状:《中国生物多样性红色名录》(2021)评估为无危(LC)。

分布

除新疆外,见于各省份。

摄影 / 匡中帆

202. 蓝额红尾鸲

学　名： *Phoenicurus frontalis*　　**英文名：** Blue-fronted Redstart

形态特征： 中等体型（15~16cm），色彩艳丽。尾部具特殊的"T"形黑色图纹（雌鸟褐色），系由中央尾羽端部及其他尾羽的羽端与亮棕色成对比而成。雄鸟头、胸、颈背及上背深蓝色，额及形短的眉纹钴蓝色；两翼黑褐色，羽缘褐色及皮黄色，无翼上白斑；腹部、臀、背及尾上覆羽橙褐色。雌鸟褐色，眼圈皮黄色，于尾端深色。虹膜褐色；喙及脚黑色。

生态习性： 一般多单独活动，迁徙时结小群。从栖处猛扑昆虫。尾上下抽动而不颤动。甚不怕生。

保护现状：《中国生物多样性红色名录》（2021）评估为无危（LC）。

分布

山东，陕西南部，内蒙古西部，宁夏，甘肃，西藏，青海南部、东部，云南，四川，重庆，贵州，湖北，湖南，浙江，广东。

摄影 / 张卫民

203. 红尾水鸲

学 名：*Phoenicurus fuliginosus*　**英文名**：Plumbeous Water Redstart

形态特征：体小的雄雌异色水鸲，体长12~14cm。雄鸟体羽大部深灰蓝色；翅黑褐色；尾羽及尾上、尾下覆羽栗红色；雌鸟上体灰褐色沾橄榄色；翅黑褐色；大、中覆羽端部有白点，形成两道白色斑点；腰和尾上、尾下覆羽白色；尾羽暗褐色，外侧尾羽羽基大部白色；下体灰白色，羽基和羽缘深灰色，成鳞状斑纹。具明显的不停弹尾动作。幼鸟灰色上体具白色点斑。虹膜深褐色；喙黑色；脚褐色。

生态习性：单独或成对活动，总是在多砾石的溪流及河流两旁，或停栖息于水中砾石，尾常摆动。在岩石间快速移动。炫耀时停在空中振翼，尾扇开，作螺旋形飞回栖处。领域性强，常与河乌、溪鸲或燕尾混群。主要觅食水生昆虫。

保护现状：《中国生物多样性红色名录》（2021）评估为无危（LC）。

分 布

除黑龙江、吉林、辽宁、新疆外，见于各省份。

摄影 / 匡中帆

204. 白顶溪鸲

学 名: *Phoenicurus leucocephalus*　　**英文名:** White-capped Redstart

形态特征: 较小的黑色及栗色溪鸲,体长 18~19cm。头顶白色,头侧黑色;后颈至背和喉至胸部及翅上覆羽亮蓝黑色;飞羽黑褐色;其余体羽栗红色;尾羽具黑色羽斑。雄雌同色。亚成鸟色暗而近褐,头顶具黑色鳞状斑纹。虹膜褐色;喙及脚黑色。

生态习性: 常立于水中或于近水的突出岩石上,降落时不停地点头且具黑色羽梢的尾不停抽动。求偶时做出摆晃头部的奇特炫耀姿态。

保护现状:《中国生物多样性红色名录》(2021)评估为无危(LC)。

分 布

北京,河北西部,山东,河南,山西,陕西南部,内蒙古西部,宁夏,甘肃,新疆西南部,西藏南部,青海,云南,四川,重庆,贵州,湖北,湖南,安徽,江西,浙江,广东,广西,海南。

摄影 / 匡中帆

205. 蓝矶鸫

学　名：*Monticola solitarius*　　**英文名**：Blue Rock Thrush

形态特征：中等体型的青石灰色矶鸫，体长 20~23cm。雄鸟上体蓝色；两翅和尾羽黑褐，外缘蓝色；亚种 *pandoo* 下体全呈铅灰蓝色；亚种 *philippensis* 喉部蓝色；下体余部栗红色。雌鸟上体蓝色，下体淡棕黄或白色，羽基和端缘黑色，形成鳞斑状花纹。亚成鸟似雌鸟但上体具黑白色鳞状斑纹。虹膜褐色，喙及脚黑色。

生态习性：常栖息于突出位置如岩石、房屋柱子及死树，冲向地面捕捉昆虫。常见单独活动。

保护现状：《中国生物多样性红色名录》（2021）评估为无危（LC）。

分布：见于各省份。

摄影 / 匡中帆

206. 栗腹矶鸫

学 名: *Monticola rufiventris*　**英文名**: Chestnut-bellied Rock Thrush

- **形态特征**：体长 21~25cm。雄鸟全身近黑，仅尾基部具白色闪辉，前额钴蓝，喉及胸深蓝，颈侧及胸部的白色点斑常隐而不露。雌鸟褐色，喉基部具偏白色横带，尾具白色闪辉同雄鸟。亚成鸟似雌鸟但多具棕色纵纹。虹膜褐色；喙及脚黑色。

- **生态习性**：常立于高树顶上，偶尔会在电线上。

- **保护现状**：《中国生物多样性红色名录》（2021）评估为无危（LC）。

分 布

西藏南部，云南，四川，重庆，贵州，湖北，湖南，安徽，江西，江苏，上海，浙江，福建，广东，香港，广西，海南。

摄影 / 匡中帆

207. 黑喉石鵖

学 名: *Saxicola maurus*　**英文名**: Siberian Stonechat

形态特征：中等体型的黑、白及赤褐色鵖，体长 13~15cm。雄鸟头部、背面和颏、喉黑色；颈侧和肩部具白斑；胸、腹部及尾下覆羽棕色。雌鸟头部和背面棕褐色，斑杂黑褐色纵纹；颏、喉淡棕白；胸、腹部及尾下覆羽棕色。虹膜深褐；喙黑色；脚近黑。

生态习性：栖息于低山开阔灌丛或平地疏林间，也可在居民区或其他生境中出现，选择生境多样。常见于田间灌木丛、矮树或电线上。以昆虫为主要食物。

保护现状：《中国生物多样性红色名录》（2021）评估为无危（LC）。

分 布

见于各省份。

摄影 / 匡中帆

十七 雀形目 PASSERIFORMES

208. 灰林䳭

学　名：*Saxicola ferreus*　　**英文名**：Grey Bushchat

形态特征：中等体型的偏灰色䳭，体长 14~16cm。雄鸟上体暗灰，具黑色纵纹；眉纹白色；脸部黑色；翅和尾羽黑褐色；翅上最内侧覆羽白色；颏、喉白色；胸和腹部灰白色。雌鸟上体棕褐色；翅和尾羽黑褐色；颏、喉白色；胸和腹部至尾下覆羽淡灰棕褐色。幼鸟似雌鸟，但下体褐色具鳞状斑纹。虹膜深褐色；喙灰色；脚黑色。

生态习性：栖息于山地林缘灌丛及开阔河谷区、田坝区的灌草丛地带，在同一地点长时间停栖。尾摆动。在地面或于飞行中捕捉昆虫。

保护现状：《中国生物多样性红色名录》（2021）评估为无危（LC）。

分布

西藏南部，北京，陕西南部，内蒙古中部，甘肃东南部，云南，四川，重庆，贵州，湖北，湖南，安徽，江西，江苏，上海，浙江，福建，广东，香港，广西，海南，台湾。

摄影 / 匡中帆

（五十一）啄花鸟科 Dicaeidae

209. 纯色啄花鸟

学 名：*Dicaeum minullum*　**英文名**：Plain Flowerpecker

形态特征：上体橄榄绿色，下体偏浅灰色，腹部中央乳白色，腕部具白色羽束。虹膜褐色，喙黑色，跗跖深蓝灰色。

生态习性：栖于丘陵森林、次生林和农耕地，喜食桑寄生植物花蜜。

保护现状：《中国生物多样性红色名录》(2021)评估为无危（LC）。

分 布

云南，四川中部、东部，重庆，贵州，湖南南部，江西东北部，福建，广东西部，香港，广西。

摄影 / 黄吉红

十七 雀形目
PASSERIFORMES

210. 红胸啄花鸟

学　名： *Dicaeum ignipectus*　**英文名：** Fire-breasted Flowerpecker

形态特征： 体型纤小（7~9cm）的深色啄花鸟。雄鸟上体包括尾上覆羽呈辉亮的金属绿蓝色；两翅及尾黑褐色，翼上覆羽及飞羽外缘绿蓝辉色，中央尾羽沾蓝辉色。眼先、颊、耳羽及颈侧均为黑色。下体皮黄色，胸具猩红色的块斑，一道狭窄的黑色纵纹沿腹部而下。雌鸟下体赭皮黄色。虹膜褐色，喙和脚黑色。

生态习性： 栖息于山地林、次生植被及耕作区，喜寄生槲类植物。

保护现状：《中国生物多样性红色名录》（2021）评估为无危（LC）。

分布

河南，陕西南部，甘肃，西藏南部，云南，四川，贵州南部，湖北，湖南，江西，浙江南部，福建，广东，香港，澳门，广西，海南，台湾。

摄影/黄吉红　郭　轩

（五十二）花蜜鸟科 Nectariniidae

211. 蓝喉太阳鸟

学　名： *Aethopyga gouldiae*　**英文名：** Mrs. Gould's Sunbird

形态特征： 体长14~15cm。雄鸟头和喉辉紫蓝色，背呈暗红色；腰和腹部黄色；胸部或与背同为红色，或与腹部同为黄色，或黄色染以红色。蓝色尾有延长。雌鸟上体橄榄色，下体绿黄色，颏及喉烟橄榄色。虹膜褐色；喙黑色；脚褐色。

生态习性： 栖息于高山阔叶林、沟谷林、稀树灌丛以致河边和公路边的乔木树丛、竹丛中。常见单独或成对活动觅食，也有成小群活动。

保护现状： 《中国生物多样性红色名录》（2021）评估为无危（LC）。

分布

西藏东南部，河南，陕西南部，甘肃东南部，云南，四川，重庆，贵州，湖北西部，湖南西部，广东，香港，广西。

摄影 / 匡中帆

212. 叉尾太阳鸟

学 名：*Aethopyga christinae*　**英文名**：Fork-tailed Sunbird

形态特征：体小（9~11cm）而纤弱的太阳鸟。头顶闪绿彩；上体灰黑或暗橄榄黄；腰鲜黄色；尾金属绿；中央尾羽羽轴先端延长呈针状；喉、胸赭红或褐红色；腹部灰黄。头侧黑色而具闪辉绿色的髭纹和绛紫色的喉斑。雌鸟甚小，上体橄榄色，下体浅绿黄。虹膜褐色；喙黑色；脚黑色。

生态习性：栖息于森林及有林地区甚至城镇，喜开花的矮丛及树木。

保护现状：《中国生物多样性红色名录》（2021）评估为无危（LC）。

分布

河南，云南南部，四川，重庆，贵州，湖北西北部，湖南，江西东北部，浙江，福建，广东，香港，澳门，广西，海南。

摄影／郭　轩

(五十三)梅花雀科 Estrildidae
213. 白腰文鸟

学 名: *Lonchura striata*　**英文名:** White-rumped Munia

形态特征: 体长 10~12cm。头颈、上背及喉和胸为暗栗黑褐色,具淡棕白色纤细斑纹;腰白;尾黑;腹部淡灰白色。两性相似。亚成鸟色较淡,腰皮黄色。虹膜褐色;喙灰色;脚灰色。

生态习性: 生活于田坝区和丘陵、低山地带的林缘灌丛、草丛。性喧闹吵嚷,结小群生活。觅食草籽、谷物和昆虫。

保护现状:《中国生物多样性红色名录》(2021)评估为无危(LC)。

分布

西藏东南部,山东,河南,陕西南部,甘肃南部,云南,四川,重庆,贵州,湖北,湖南,安徽,江西,江苏,上海,浙江,福建,广东,香港,澳门,广西,海南,台湾。

摄影/匡中帆

（五十四）雀　科 Passeridae

214. 山麻雀

学　名： *Passer cinnamomeus*　　**英文名：** Russet Sparrow

形态特征： 中等体型的艳丽麻雀，体长 12~14cm。雄鸟上体较栗红；耳羽无黑色斑块；眉纹不著。雌鸟上体呈深褐色；喉无黑色斑块；眉纹显著。雄雌异色。虹膜褐色；雄鸟喙灰色，雌鸟喙黄色而喙端色深；脚粉褐色。

生态习性： 结群栖息于高地的开阔林、林地或于近耕地的灌木丛。

保护现状：《中国生物多样性红色名录》（2021）评估为无危（LC）。

分 布

西藏南部、东南部，云南，四川，重庆，贵州，北京，天津，河北，山东，河南，山西，陕西，宁夏，甘肃，青海东部，湖北，湖南，安徽，江西，江苏，上海，浙江，福建，广东，香港，广西，台湾。

摄影 / 匡中帆

215. 麻 雀

学 名: *Passer montanus*　　**英文名**: Eurasian Tree Sparrow

形态特征：体型略小的矮圆而活跃的麻雀，体长 12~15cm。两性相似。前额、头顶至后颈纯肝褐色；上体砂棕褐；背杂有黑色条纹；耳羽有黑色斑块，颏、喉黑色。于脸颊具明显黑色斑点且喉部黑色较少。幼鸟似成鸟但色较暗淡，喙基黄色。虹膜深褐色；喙黑色；脚粉褐色。

生态习性：栖于有稀疏树木的地区、村庄及农田，食谷物。常群集田间啄食种芽和谷粒，在繁殖期间吃一部分昆虫。麻雀的营巢地点大都选定在建筑物场所里，如房舍、庙宇等。

保护现状：《中国生物多样性红色名录》(2021)评估为无危（LC）。

分 布

见于各省份。

摄影 / 匡中帆

（五十五）鹡鸰科 Motacillidae

216. 山鹡鸰

学　名： *Dendronanthus indicus*　　**英文名：** Forest Wagtail

形态特征： 中等体型，全长 16~18cm，褐色及黑白色。上体橄榄绿褐色；眉纹白；飞羽黑色；翅上覆羽具宽阔淡黄白色羽端；尾呈凹尾型下体白色，胸上具两道黑色的横斑纹，较下的一道横纹有时不完整。虹膜灰色；喙角质褐色，下喙较淡；脚偏粉色。

生态习性： 单独或成对在开阔森林地面穿行。尾轻轻往两侧摆动。受惊时作波状低飞仅至前方几米处停下，也停栖在树上。

保护现状： 《中国生物多样性红色名录》（2021）评估为无危（LC）。

分布

除西藏、新疆外，见于各省份。

摄影 / 黄吉红

217. 树 鹨

学 名: *Anthus hodgsoni*　**英文名**: Olive-backed Pipit

🌿 **形态特征**：中等体型，橄榄色，体长 15~17cm。上体橄榄绿褐色，满布暗褐色纵纹；具粗显的白色眉纹；翅上具两道棕黄色翅斑；下体白色，胸和两胁沾棕黄，并具显著的黑色纵纹；最外侧 1 对尾羽大都白色，次 1 对尾羽仅尖端具小的三角形白斑。两性相似。虹膜褐色；下喙偏粉色，上喙角质色；脚粉红色。

🌱 **生态习性**：栖息于阔叶林、针叶林和针阔叶混交林和稀树灌木丛、草地，也见于居民点房屋和田野等地的树木上。

👁 **保护现状**：《中国生物多样性红色名录》（2021）评估为无危（LC）。

分 布

见于各省份。

摄影 / 匡中帆

218. 粉红胸鹨

学 名： *Anthus roseatus*　　**英文名：** Rosy Pipit

形态特征： 体长15~17cm。后爪较后趾为长。上体橄榄灰褐色，上背具粗著的黑褐色纵纹；羽缘淡棕白，呈斑杂状；胸部淡葡萄红色，成鸟繁殖羽胸部几无黑色纵纹，非繁殖羽胸部具黑色纵纹而葡萄红色较浅淡；两胁具黑色纵纹；腋羽鲜黄色。两性相似。虹膜褐色；喙灰色；脚偏粉色。

生态习性： 栖息于山坡稀树草地、耕作地和田野，有时也见于林缘和灌木林地带。多单独或结小群在地上活动觅食昆虫和草籽。

保护现状：《中国生物多样性红色名录》（2021）评估为无危（LC）。

分 布

河北北部，北京，山东，山西，陕西南部，内蒙古东部，宁夏，甘肃北部，青海，新疆西部和南部，西藏，云南，四川，重庆，贵州，湖北，江西，福建西北部，海南。

摄影 / 匡中帆

219. 黄腹鹨

学 名: *Anthus rubescens*　　**英文名:** Buff-bellied Pipit

形态特征: 中等体型（14~17cm）褐色具纵纹鹨。眼先上具狭窄白线至眼后转为特征性的黄褐色眉纹，下体白色而带黑色纵纹，仅胸带黄褐。虹膜浅褐色；喙黑色；脚暗橘黄色。

生态习性: 喜较高处的森林及林线以上的灌木丛，冬季见于溪流两岸的潮湿地和稻田中。

保护现状:《中国生物多样性红色名录》（2021）评估为无危（LC）。

分 布

除宁夏、西藏、青海外，见于各省份。

摄影/郭　轩

220. 黄鹡鸰

学　名：*Motacilla tschutschensis*　　**英文名**：Eastern Yellow Wagtail

形态特征：中等体型带褐色或橄榄色，体长 16~18cm。两性相似。头顶灰色或与背同呈橄榄绿色；腰部稍浅淡；翅上覆羽和飞羽黑褐，具黄色端缘，形成两道明显的黄色翅斑；尾羽黑褐色，最外侧 2 对大部白色；颏尖白；头灰，无眉纹，颏白而喉黄色；下体余部亮黄色。雌鸟及亚成鸟无黄色的臀部。亚成鸟腹部白。虹膜褐色；喙褐色；脚褐色至黑色。

生态习性：常见三五只结小群在田野或林缘山坡草地、水域边缘的浅滩地带活动觅食昆虫。

保护现状：《中国生物多样性红色名录》（2021）评估为无危（LC）。

分 布

黑龙江，吉林，辽宁，北京，河北，河南，山东，山西，陕西，内蒙古，青海，宁夏，甘肃，西藏南部，云南，四川，贵州，湖北，湖南，江西，江苏，上海，浙江，福建，广东，香港，广西，海南，台湾。

摄影 / 郭　轩

221. 灰鹡鸰

学 名：*Motacilla cinerea*　**英文名**：Gray Wagtail

形态特征：中等体型，尾长，偏灰色，体长16~20cm。前额、头顶至背部概为灰色；腰和尾上覆羽黄绿色；眉纹和颚纹白色；颈、喉至上胸白色（有的稍沾黄色）或黑色（夏羽）；胸、腹部至尾下覆羽亮黄色；飞羽黑褐，内翈基部具白斑，三级飞羽外翈缘黄绿色；尾羽中央3对黑色，外侧第1对纯白，第2对、第3对大部白色，仅外翈黑色；后爪显著弯曲，较后趾为短。成鸟下体黄，亚成鸟偏白。虹膜褐色；喙黑褐色；脚粉灰色。

生态习性：常在多岩溪流并在潮湿砾石或沙地觅食，也见于高山草甸上活动。

保护现状：《中国生物多样性红色名录》（2021）评估为无危（LC）。

分 布

见于各省份。

摄影 / 匡中帆

222. 黄头鹡鸰

学　名：*Motacilla citreola*　**英文名**：Citrine Wagtail

形态特征：体型略小（16~20cm），雄鸟整个头部和下体黄色，头顶部分羽端微黑；后颈黑色，形成一黑领，沿颈侧达上胸两侧；上体余部包括肩羽在内为苍灰色；尾羽黑色，中央1对具狭窄的白色羽缘，最外2对大都白色；两翼暗褐，中、大覆羽及三级飞羽均具宽阔白色羽缘，其余羽缘狭窄；尾下覆羽白色带黄色。雌鸟与雄鸟相似，但头顶显得亮黄色，很少羽端黑色。

生态习性：常沿水边活动，见于水稻秧田中。以水生昆虫等为食。

保护现状：《中国生物多样性红色名录》（2021）评估为无危（LC）。

分布

新疆，黑龙江，吉林，辽宁，北京，河北，山东，河南，山西，陕西，内蒙古，宁夏，甘肃，西藏，青海，云南，四川，贵州，湖北，湖南，安徽，江西，江苏，上海，浙江，福建，广东，香港，台湾。

摄影 / 匡中帆

贵州习水鸟类

223. 白鹡鸰

学　名：*Motacilla alba*　**英文名**：White Wagtail

形态特征：体长 17~20cm，体羽为黑色和白色；上体大都黑色，下体除胸部具黑斑外，纯白；翅黑色具显著的白色斑纹；尾羽外侧 2 对几乎纯白，其余中央尾羽主要呈黑色；飞行姿势呈波浪起伏，停栖时尾羽不停地上下摆动。冬季，头后、颈背及胸具黑色斑纹，但不如繁殖期扩展，黑色的多少随亚种而异。虹膜褐色；喙及脚黑色。

生态习性：栖息于江、河、溪流、湖泊、水库坝塘等水域周围的沙滩、石头或沼泽湿地的草地上，也常见于田坝之中和居民区建筑物及砂石马路上。多在地上活动觅食，站立时尾羽上下摆动。食物主要为昆虫。

保护现状：《中国生物多样性红色名录》（2021）评估为无危（LC）。

分　布

见于各省份。

摄影 / 匡中帆

（五十六）燕雀科 Fringillidae

224. 燕　雀

学　名：*Fringilla montifringilla*　　**英文名**：Brambling

形态特征：体长13~16cm，斑纹分明。胸棕而腰白。成年雄鸟头及颈背黑色，背近黑；腹部白，两翼及叉形的尾黑色，有醒目的白色"肩"斑和棕色的翼斑，且初级飞羽基部具白色斑点。非繁殖期的雄鸟与繁殖期雌鸟相似，但头部图纹明显为褐、灰及近黑色。虹膜褐色；喙黄色，喙尖黑色；脚粉褐色。

生态习性：喜跳跃和波状飞行。成对或小群活动。冬季可集群达千只以上于地面或树上取食。

保护现状：《中国生物多样性红色名录》（2021）评估为无危（LC）。

分布

除宁夏、西藏、青海、海南外，见于各省份。

摄影 / 匡中帆

225. 普通朱雀

学 名: *Carpodacus erythrinus*　**英文名**: Common Rosefinch

形态特征：体型略小（13~15cm）。雄鸟头鲜红色，由颊到胸红色；翼斑和腰带粉红色，无眉纹，腹白，脸颊及耳羽色深；雌鸟上体橄榄灰色，额与头顶具斑纹；翼斑淡皮黄色。繁殖期雄鸟头、胸、腰及翼斑多具鲜亮红色。虹膜深褐色；喙灰色；脚近黑色。

生态习性：喜栖于沿溪河谷的灌木丛，针阔叶混交林和阔叶林缘，很少到针叶林中；在迁徙时见于柳林、榆林、杂木林以及花园、苗圃和住宅区的树上。单独或小群生活，少有结成大群的。性活泼而又怯疑。飞翔力强而迅速。食物以叶芽、野生植物种子、浆果等为主，也有小型鞘翅目昆虫和幼虫。

保护现状：《中国生物多样性红色名录》（2021）评估为无危（LC）。

分 布

见于各省份。

摄影/郭　轩

226. 金翅雀

学　名: *Chloris sinica*　　**英文名**: Oriental Greenfinch

形态特征：体小（12~14cm）的黄、灰及褐色雀鸟。具宽阔的黄色翼斑。成体雄鸟顶冠及颈背灰色，背纯褐色，翼斑、外侧尾羽基部及臀黄。雌鸟色暗，幼鸟色淡且多纵纹。与黑头金翅雀的区别为头无深色图纹，体羽褐色较暖，尾呈叉形。虹膜深褐色；喙偏粉色；脚粉褐色。

生态习性：栖于海拔2400m以下的灌丛、旷野、人工林、林园及林缘地带。

保护现状：《中国生物多样性红色名录》（2021）评估为无危（LC）。

分布：除新疆、西藏外，见于各省份。

摄影 / 匡中帆

227. 黄 雀

学 名：*Spinus spinus*　**英文名**：Eurasian Siskin

形态特征：体型甚小（11~12cm）的雀鸟。喙短，翼上具醒目的黑色及黄色条纹。成体雄鸟的顶冠及颏黑色，头侧、腰及尾基部亮黄色。雌鸟色暗而多纵纹，顶冠和颏无黑色。幼鸟似雌鸟但褐色较重，翼斑多橘黄色。虹膜深褐色；喙偏粉色；脚近黑色。

生态习性：冬季结大群作波状飞行。觅食似山雀且活泼好动。

保护现状：《中国生物多样性红色名录》（2021）评估为无危（LC）。

分布

除西藏外，见于各省份。

摄影 / 莫国巍

（五十七）鹀 科 Emberizidae

228. 凤头鹀

学 名：*Emberiza lathami*　**英文名**：Crested Bunting

形态特征：体长 16~18cm，具特征性的细长羽冠。雄鸟辉黑，两翼及尾栗色，尾端黑。雌鸟深橄榄褐色，上背及胸满布纵纹，较雄鸟的羽冠为短，翼羽色深且羽缘栗色。虹膜深褐色；喙灰褐色，下喙基粉红色；脚紫褐色。

生态习性：栖息于中国南方大部丘陵开阔地面及矮草地。多在地面活动取食，活泼易见。冬季于稻田取食。

保护现状：《中国生物多样性红色名录》（2021）评估为无危（LC）。

分 布

陕西南部，西藏东部和东南部，云南，四川，重庆，贵州，湖北，湖南南部，安徽，江西，浙江，福建，广东，香港，澳门，广西，海南，台湾。

摄影／郭　轩

229. 三道眉草鹀

学　名：*Emberiza cioides*　　**英文名**：Meadow Bunting

形态特征：体长 15~18cm。具醒目的黑白色头部图纹和栗色的胸带以及白色的眉纹、上髭纹并颏及喉。繁殖期雄鸟脸部有别致的褐色及黑白色图纹，胸栗，腰棕。雌鸟色较淡，眉线及下颊纹皮黄，胸浓皮黄色。喉与胸对比强烈，耳羽褐色，白色翼纹不醒目，上背纵纹较少，腹部无栗色斑块。幼鸟色淡且多细纵纹，外侧尾羽羽缘白色。虹膜深褐色；喙双色，上喙色深，下喙蓝灰且喙端色深；脚粉褐色。

生态习性：栖居高山丘陵的开阔灌木丛及林缘地带，冬季下至较低的平原地区。除繁殖期成对或结小群活动外，常几只到几十只一起在地上觅食。以昆虫和杂草种子为食。

保护现状：《中国生物多样性红色名录》(2021) 评估为无危（LC）。

分　布

新疆北部，内蒙古，青海东部，黑龙江，吉林，辽宁，北京，河北，山东，河南，山西，陕西南部，宁夏，甘肃，云南东北部，四川，重庆，贵州，湖北，湖南，安徽，江西，江苏，上海，浙江，福建，广东，广西，台湾。

摄影 / 匡中帆

230. 西南灰眉岩鹀

学 名: *Emberiza yunnanensis*　**英文名**: Southern Rock Bunting

形态特征: 体长 15~17cm 头部灰色较重，侧冠纹栗色而非黑色。与三道眉草鹀的区别在于顶冠纹灰色。雌鸟似雄鸟但色淡。各亚种有异，南方的亚种 *yunnanensis* 较指名亚种色深且多棕色，最靠西边的亚种 *decolorata* 色彩最淡。幼鸟头、上背及胸具黑色纵纹，与三道眉草鹀幼鸟几乎无区别。虹膜深褐色；喙蓝灰色；脚粉褐色。

生态习性: 喜干燥而多岩石的丘陵、山坡及近森林而多灌木丛的沟壑深谷，也见于农耕地。

保护现状:《中国生物多样性红色名录》（2021）评估为无危（LC）。

分 布

新疆西部、北部，内蒙古，宁夏，甘肃，西藏，青海，四川，重庆，云南，贵州，广西，黑龙江，辽宁西部，北京，河北东北部，山东，河南，山西，陕西南部，湖北西部，湖南。

摄影 / 匡中帆

231. 黄喉鹀

学 名：*Emberiza elegans*　　**英文名**：Yellow-breasted Bunting

形态特征：体长 15~16cm。雄鸟前额至头顶黑色，形成短的羽冠；宽著的眉纹和喉斑呈亮黄色；头侧和颏及宽阔的胸斑呈黑色；背面棕黄色满布黑色纵纹，肩羽沾灰；下体余部白色，两胁淡棕具黑色纵纹；最外侧两对尾羽内翈白斑宽阔。雌鸟头顶和整个背面暗棕黄色；眉纹暗黄色；头侧黑褐杂暗棕黄色斑纹；颏、喉至胸淡棕黄；胸和胁部具暗栗褐色纵纹；腹至尾下覆羽白色；尾羽与雄鸟相似。虹膜深栗褐色；喙近黑色；脚浅灰褐色。

生态习性：栖息于丘陵及山脊的干燥落叶林及混交林。越冬在有荫林地、森林及次生灌木丛地带。

保护现状：《中国生物多样性红色名录》（2021）评估为无危（LC）。

分 布

黑龙江，吉林，辽宁，北京，天津，河北，山东，河南，山西，陕西，内蒙古，宁夏，甘肃，新疆，云南，四川，重庆，贵州，湖北，湖南，安徽，江西，江苏，上海，浙江，福建，广东，香港，广西，台湾。

摄影/郭　轩

232. 蓝鹀

学 名： *Emberiza siemsseni*　**英文名：** Slaty Bunting

🐦 **形态特征：** 体小（12~14cm）而矮胖的蓝灰色鹀。雄鸟体羽大致石蓝灰色，仅腹部、臀及尾外缘白色，三级飞羽近黑。雌鸟为暗褐色而无纵纹，具两道锈色翼斑，腰灰，头及胸棕色。虹膜深褐色；喙黑色；脚偏粉色。

🌿 **生态习性：** 栖息于次生林及灌木丛。成对或三五只成小群，活动于毛竹或杉树林中，也见于林缘的草灌木丛间，多见于地上，未见在树上活动的，性不畏人。

💚 **保护现状：** 国家二级重点保护野生动物；《中国生物多样性红色名录》（2021）评估为无危（LC）；中国特有种。

分 布

河南，陕西南部，甘肃南部，四川，重庆，贵州，安徽，湖北，湖南，江西，浙江，福建，广东，广西。

摄影 / 匡中帆

贵州习水鸟类

233. 小 鹀

学 名：*Emberiza pusilla*　**英文名**：Little Bunting

形态特征：体小而具纵纹的鹀，全长 11~14cm。冬羽头顶中央冠纹暗栗红色；侧冠纹黑色较粗著；眉纹、颊和耳羽棕红；眼后纹和颚纹黑色；上体棕褐，满布黑色纵纹；下体淡棕白；胸和体侧亦有黑色纵纹。繁殖期成鸟体小而头具黑色和栗色条纹，眼圈色浅。虹膜深红褐色；喙灰色；脚红褐色。

生态习性：冬季结小群活动于低山丘陵地带的阔叶林、针阔叶混交林、灌木丛和针叶林、稀树草坡、耕作区或竹林间。以杂草种子和昆虫为食。

保护现状：《中国生物多样性红色名录》（2021）评估为无危（LC）。

分 布

见于各省份。

摄影 / 匡中帆

十七 雀形目 PASSERIFORMES

234. 灰头鹀

学　名：*Emberiza spodocephala*　**英文名**：Black-faced Bunting

形态特征：体长13~16cm。眼先、眼圈和喙基线黑色；头、颈、颏、喉至胸灰绿色；上背和肩羽棕褐具黑色纵纹；下背至尾上覆羽橄榄棕褐色；翅、尾黑褐，外缘棕褐色；腹部黄色，胁部具黑色纵纹；外侧两对尾羽具宽阔白斑。雌鸟上体棕褐具黑色纵纹；下体黄色；胸部具黑褐色纵纹；余部与雄鸟相似。虹膜深栗褐色；上喙近黑并具浅色边缘，下喙偏粉色且喙端深色；脚粉褐色。

生态习性：结小群活动于稀树草坡、耕作区和果园，以稻谷和杂草种子为食。

保护现状：《中国生物多样性红色名录》（2021）评估为无危（LC）。

分　布

除西藏外，见于各省份。

摄影 / 匡中帆

235. 白眉鹀

学　名：*Emberiza tristrami*　**英文名**：Tristram's Bunting

形态特征：中等体型，体长 14~16cm。头顶黑色具白色中央冠纹；眉纹和颊纹白色；脸黑色；颏白；喉黑色；背红褐具黑褐色纵纹；腰至尾上覆羽和中央 1 对尾羽栗红色；胸和胁赤褐色；下体余部白色。虹膜深栗褐色；上喙蓝灰色，下喙偏粉色；脚浅褐色。

生态习性：多隐藏于山坡林下的浓密灌丛中。冬季单个或 3~5 个结群。多以昆虫为食。

保护现状：《中国生物多样性红色名录》（2021）均评估为近危（NT）。

分布

除宁夏、新疆、西藏、青海、海南外，见于各省份。

摄影 / 黄吉红

鸟名生僻字

鸨	bǎo	鹎	bēi	䲭	chéng
鸱	chī	鹚	cí	鸫	dōng
鹗	è	鸸	ér	凫	fú
鸪	gū	鹳	guàn	鸻	héng
鹱	hù	鹮	huán	鹝	jí
鹡	jí	鹣	jiān	鲣	jiān
鹪	jiāo	鸠	jiū	鹫	jiù
䴗	jú	颏	ké	鵟	kuáng
鹂	lí	椋	liáng	鹩	liáo
鴷	liè	鸰	líng	鹠	liú
鹨	liù	鸬	lú	鹭	lù
鹛	méi	鹲	méng	鹊	miáo
鹎	pì	鸲	qú	杓	sháo
鸤	shī	薮	sǒu	隼	sǔn
蓑	suō	鹈	tī	鹈	tí
翁	wēng	鸦	wú	鹇	xián
鸮	xiāo	鸺	xiū	鸯	yāng
鹞	yào	鹬	yù	鸢	yuān
鸳	yuān	鹧	zhè	榛	zhēn

参考文献

中华人民共和国濒危物种进出口管理办公室，中华人民共和国濒危物种科学委员会，2023."濒危野生动植物种国际贸易公约（CITES 2023）"[EB][2023-09-23]https：//www.forestry.gov.cn/html/main/main_4461/20230223143021752206358/file/20230227162034312912692.pdf

黑龙江省野生动物研究所，1992.黑龙江省鸟类志[M].北京：中国林业出版社.

蒋志刚，张雁云，郑光美，2021.中国生物多样性红色名录 第2卷 脊椎动物 鸟类[M].北京：科学出版社.

孔志红，张海波，粟海军，等，2021.阿哈湖鸟类图鉴[M].北京：中国林业出版社.

雷富民，卢汰春，2006.中国鸟类特有种[M].北京：科学出版社.

刘阳，陈水华，2021.中国鸟类观察手册[M].长沙：湖南科学技术出版社.

罗扬，刘浪，杨荣渊，2011.贵州习水中亚热带国家级自然保护区科学考察研究[M].贵阳：贵州科技出版社.

孙儒泳，1987.动物生态学原理[M].北京：北京师范大学出版社.

吴至康，1986.贵州鸟类志[M].贵阳：贵州人民出版社.

杨岚，1994.云南鸟类志 上 非雀形目[M].昆明：云南科学技术出版社.

杨岚，杨晓君，2004.云南鸟类志 下 雀形目[M].昆明：云南科学技术出版社.

约翰·马敬能，2022a.中国鸟类野外手册 上 马敬能新编版[M].李一凡，译.北京：商务印书馆.

约翰·马敬能，2022b.中国鸟类野外手册 下 马敬能新编版[M].李一凡，译.北京：商务印书馆.

张荣祖，2011.中国动物地理[M].北京：科学出版社.

赵正阶，2001.中国鸟类志 上 非雀形目[M].长春：吉林科学技术出版社.

郑光美，2023.中国鸟类分类与分布名录 第4版[M].北京：科学出版社.

郑作新，1963.中国经济动物志 鸟类[M].北京：科学出版社.

郑新作，1979.中国动物志鸟纲 第3卷 雁形目[M].北京：科学出版社.

郑作新，1987. 中国鸟类区系纲要 [M]. 北京：科学出版社.

郑作新，2000. 中国鸟类种和亚种分类名录大全 [M]. 北京：科学出版社.

中国科学院青藏高原综合科学考察队，1983. 西藏鸟类志 [M]. 北京：科学出版社.

中国科学院中国动物志编辑委员会，2016. 中国动物志 鸟纲 第1卷 第1部 中国鸟纲绪论 第2部 潜鸟目 鸊鷉目 鹱形目 鹈形目 鹳形目 [M]. 北京：科学出版社.

中国科学院中国动物志编辑委员会，1978. 中国动物志 鸟纲 第4卷 鸡形目 [M]. 北京：科学出版社.

中国科学院中国动物志编辑委员会，1991. 中国动物志 鸟纲 第6卷 鸽形目、鹦形目、鹃形目、鸮形目 [M]. 北京：科学出版社.

中国科学院中国动物志编辑委员会，1985. 中国动物志 鸟纲 第8卷 雀形目 阔嘴鸟科－和平鸟科 [M]. 北京：科学出版社.

中国科学院中国动物志编辑委员会，1998. 中国动物志 鸟纲 第9卷 雀形目 太平鸟科—岩鹨科 [M]. 北京：科学出版社.

中国科学院中国动物志编辑委员会，1987. 中国动物志 鸟纲 第11卷 雀形目 鹟科Ⅱ画眉亚科 [M]. 北京：科学出版社.

中国科学院中国动物志编辑委员会，1982. 中国动物志 鸟纲 第13卷 雀形目 山雀科－绣眼鸟科 [M]. 北京：科学出版社.

中国科学院中国动物志编辑委员会，1998. 中国动物志 鸟纲 第14卷 雀形目 文鸟科 雀科 [M]. 北京：科学出版社.

索 引
中文名索引

A

暗灰鹃鵙	128
暗绿绣眼鸟	190

B

八　哥	211
八声杜鹃	47
白　鹭	68
白　鹇	20
白顶溪鸲	235
白额燕尾	226
白骨顶	58
白冠长尾雉	17
白喉林鹟	221
白鹡鸰	254
白颊噪鹛	201
白颈鸦	142
白眶鹟莺	172
白领凤鹛	186
白眉姬鹟	228
白眉鸫	266
白头鹎	163
白尾鹞	91
白胸苦恶鸟	56
白眼潜鸭	25
白腰草鹬	74
白腰文鸟	244
白腰雨燕	41
百灵科	148
斑　鸫	216
斑背潜鸭	26
斑姬啄木鸟	108
斑头鸺鹠	78
斑胸钩嘴鹛	192
宝兴歌鸫	217
鸨　科	161
北红尾鸲	232
北灰鹟	220
伯劳科	133

C

苍　鹭	66
苍　鹰	90
长尾山椒鸟	124
长尾山雀科	181

长嘴剑鸻	70	**F**	
叉尾太阳鸟	243		
鸱鸮科	77	发冠卷尾	131
池 鹭	64	方尾鹟	144
赤膀鸭	27	粉红山椒鸟	127
赤腹鹰	87	粉红胸鹨	249
赤颈鸭	28	凤头蜂鹰	83
纯色山鹪莺	151	凤头鹀	259
纯色啄花鸟	240	凤头鹰	86
翠金鹃	46	佛法僧科	100
翠鸟科	101	佛法僧目	99
D		**G**	
大白鹭	67	鸽形目	33
大斑啄木鸟	113	冠纹柳莺	177
大杜鹃	51	冠鱼狗	102
大拟啄木鸟	105		
大山雀	146	**H**	
大鹰鹃	49		
大嘴乌鸦	143	河乌科	210
戴 胜	98	褐顶雀鹛	196
戴胜科	98	褐河乌	210
淡绿鵙鹛	121	褐柳莺	170
淡色崖沙燕	156	褐胁雀鹛	195
点胸鸦雀	185	褐胸噪鹛	199
鸫 科	214	鹤形目	54
杜鹃科	44	黑 鸢	92
短嘴山椒鸟	123	黑喉石䳭	238
钝翅苇莺	152	黑颈䴙䴘	32
		黑卷尾	129

黑颏凤鹛	188	红嘴相思鸟	208
黑脸噪鹛	202	虎斑地鸫	214
黑眉柳莺	176	虎纹伯劳	133
黑眉拟啄木鸟	106	花蜜鸟科	242
黑水鸡	57	画　眉	198
黑头奇鹛	209	环颈鸻	72
黑苇鳽	61	环颈雉	19
黑枕黄鹂	119	黄　雀	258
鸻　科	70	黄腹柳莺	169
鸻形目	69	黄腹鹨	250
红　隼	115	黄腹山雀	145
红翅凤头鹃	44	黄喉鹀	262
红翅鵙鹛	120	黄鹡鸰	251
红翅绿鸠	38	黄鹂科	119
红腹角雉	16	黄眉姬鹟	229
红腹锦鸡	18	黄眉柳莺	166
红喉姬鹟	230	黄头鹡鸰	253
红角鸮	80	黄臀鹎	162
红头穗鹛	194	黄腰柳莺	167
红头咬鹃	96	黄嘴栗啄木鸟	109
红头长尾山雀	181	蝗莺科	154
红尾伯劳	134	灰背伯劳	136
红尾水鸲	234	灰背燕尾	225
红尾希鹛	206	灰翅噪鹛	200
红尾噪鹛	205	灰腹绣眼鸟	191
红胁蓝尾鸲	223	灰冠鹟莺	173
红胁绣眼鸟	189	灰喉山椒鸟	122
红胸田鸡	55	灰喉鸦雀	183
红胸啄花鸟	241	灰鹡鸰	252
红嘴蓝鹊	138	灰卷尾	130
红嘴鸥	75	灰眶雀鹛	197

灰脸鵟鹰	93	蓝喉太阳鸟	242
灰椋鸟	213	蓝矶鸫	236
灰林鸮	239	栗背短脚鹎	165
灰林鴞	81	栗腹矶鸫	237
灰山椒鸟	125	栗颈凤鹛	187
灰树鹊	139	栗头树莺	180
灰头绿啄木鸟	110	栗头鹟莺	175
灰头鸫	265	栗苇鳽	60
灰头鸦雀	184	椋鸟科	211
灰胸竹鸡	21	林鹛科	192
火斑鸠	35	鳞胸鹪鹛科	153
		领角鸮	79
J		领雀嘴鹎	161
		领鸺鹠	77
矶鹬	73	柳莺科	166
鸡形目	15	鹭科	60
极北柳莺	174	绿鹭	63
鹟鸲科	247	绿背山雀	147
家燕	157	绿翅短脚鹎	164
金翅雀	257	绿头鸭	29
金眶鸻	71		
金腰燕	160	**M**	
鸠鸽科	34		
鹃形目	43	麻雀	246
卷尾科	129	矛纹草鹛	203
		梅花雀科	244
L			
		N	
蓝鹇	263		
蓝翅希鹛	207	拟啄木鸟科	105
蓝额红尾鸲	233	牛背鹭	65
蓝翡翠	103		

O

鸥科	75

P

鹀形目	30
鹀科	31
普通翠鸟	101
普通鵟	94
普通秋沙鸭	23
普通夜鹰	40
普通朱雀	256

Q

强脚树莺	179
雀科	245
雀鹰	89
雀鹛科	197
雀形目	118
鹊鸲	218

R

日本松雀鹰	88

S

三宝鸟	100
三道眉草鹀	260
山斑鸠	34
山鹡鸰	247
山椒鸟科	122
山鹪莺	150
山麻雀	245
山雀科	145
扇尾莺科	149
蛇雕	84
寿带	132
树鹨	248
树莺科	178
丝光椋鸟	212
四声杜鹃	50
松鸦	137
隼科	115
隼形目	114

T

鹈形目	59
铜蓝鹟	222

W

王鹟科	132
苇莺科	152
鹟科	218
乌鸫	215
乌鹃	48
乌鹟	219
鹀科	259

X

西南灰眉岩鹀	261
犀鸟目	97
喜　鹊	140
鸮形目	76
小　鸦	264
小鹀鹩	31
小白腰雨燕	42
小杜鹃	53
小灰山椒鸟	126
小鳞胸鹪鹛	153
小燕尾	224
小云雀	148
小嘴乌鸦	141
楔尾绿鸠	37
星头啄木鸟	111
绣眼鸟科	186

Y

鸦　科	137
鸭　科	23
崖沙燕	155
烟腹毛脚燕	159
岩　燕	158
雁形目	22
燕　科	155
燕　雀	255
燕　隼	116
燕雀科	255

秧鸡科	55
咬鹃科	96
咬鹃目	95
夜　鹭	62
夜鹰科	40
夜鹰目	39
蚁　䴕	107
莺鹛科	182
莺雀科	120
鹰　雕	85
鹰　科	83
鹰形目	82
幽鹛科	195
游　隼	117
雨燕科	41
玉鹟科	144
鹬　科	73
鸳　鸯	24

Z

噪　鹃	45
噪鹛科	198
赭红尾鸲	231
雉　科	16
中杜鹃	52
珠颈斑鸠	36
啄花鸟科	240
啄木鸟科	107
啄木鸟目	104
紫啸鸫	227

棕背伯劳	135	棕脸鹟莺	178
棕腹柳莺	171	棕眉柳莺	168
棕腹啄木鸟	112	棕扇尾莺	149
棕褐短翅蝗莺	154	棕头鸦雀	182
棕颈钩嘴鹛	193	棕噪鹛	204

英文名索引

A

Arctic Willow Warbler	174
Ashy Drongo	130
Ashy Minivet	125
Ashy-throated Parrotbill	183
Asian Barred Owlet	78
Asian Brown Flycatcher	220
Asian Emerald Cuckoo	46
Asian House Martin	159
Asian Koel	45
Asian Lesser Cuckoo	53

B

Barn Swallow	157
Bay Woodpecker	109
Black Bittern	61
Black Drongo	129
Black Kite	92
Black Redstart	231
Black-capped Kingfisher	103
Black-chinned Yuhina	188
Black-crowned Night-Heron	62
Black-faced Bunting	265
Black-headed Gull	75
Black-headed Sibia	209
Black-naped Oriole	119
Black-necked Grebe	32
Black-throated Tit	181
Black-winged Cuckooshrike	128
Blue Rock Thrush	236
Blue Whistling Thrush	227
Blue-fronted Redstart	233
Blue-winged Minla	207
Blunt-winged Warbler	152
Blyth's Shrike Babbler	120
Brambling	255
Brown Bush Warbler	154
Brown Dipper	210
Brown Shrike	134
Brown-breasted Bulbul	162
Brown-chested Jungle Flycatcher	221
Brownish-flanked Bush Warbler	179
Buff-bellied Pipit	250
Buff-throated Warbler	171

C

Carrion Crow	141

Cattle Egret	65	Crested Kingfisher	102
Chestnut Bulbul	165	Crested Myna	211
Chestnut-bellied Rock Thrush	237	Crested Serpent Eagle	84
Chestnut-crowned Warbler	175	Cuckoo	51
Chestnut-flanked White-eye	189		
Chestnut-headed Tesia	180		

D

Chinese Babax	203		
Chinese Bamboo Partridge	21	Dark-sided Flycatcher	219
Chinese Barbet	106	Daurian Redstart	232
Chinese Blackbird	215	David's Fulvetta	197
Chinese Hwamei	198	Drongo-Cuckoo	48
Chinese Pond Heron	64	Dusky Fulvetta	196
Chinese Sparrowhawk	87	Dusky Thrush	216
Chinese Thrush	217	Dusky Warbler	170
Cinnamon Bittern	60		
Citrine Wagtail	253		

E

Claudia's Leaf Warbler	177		
Collared Crow	142	Eastern Buzzard	94
Collared Finchbill	161	Eastern Yellow Wagtail	251
Collared Owlet	77	Eurasian Crag-martin	158
Collared Scops Owl	79	Eurasian Hobby	116
Common Coot	58	Eurasian Jay	137
Common Hoopoe	98	Eurasian Siskin	258
Common Kestrel	115	Eurasian Sparrow Hawk	89
Common Kingfisher	101	Eurasian Tree Sparrow	246
Common Merganser	23	Eurasian Wigeon	28
Common Moorhen	57	Eurasian Wryneck	107
Common Pheasant	19		

F

Common Rosefinch	256		
Common Sandpiper	73		
Crested Bunting	259	Ferruginous Duck	25
Crested Goshawk	86	Fire-breasted Flowerpecker	241

Forest Wagtail	247
Fork-tailed Sunbird	243
Fork-tailed Swift	41

G

Gadwall	27
Golden Pheasant	18
Gray Treepie	139
Grey-faced Buzzard	93
Gray Wagtail	252
Great Barbet	105
Great Egret	67
Great Spotted Woodpecker	113
Great Tit	146
Greater Scaup	26
Green Sandpiper	74
Green Shrike Babbler	121
Green-backed Heron	63
Green-backed Tit	147
Grey Bushchat	239
Grey Heron	66
Grey Laughingthrush	199
Grey Nightjar	40
Grey-backed Shrike	136
Grey-capped Pygmy Woodpecker	111
Grey-chinned Minvet	122
Grey-crowned Warbler	173
Grey-Headed Canary-flycatcher	144
Grey-headed Parrotbill	184
Grey-headed Woodpecker	110

H

Hair-crested Drongo	131
Hen Harrier	91
Himalayan Cuckoo	52
House Swift	42

I

Indian Cuckoo	50
Indian White-eye	191
Indochinese Yuhina	187

J

Japanese Sparrow Hawk	88

K

Kentish Plover	72

L

Large Hawk-Cuckoo	49
Large-billed Crow	143
Light-vented Bulbul	163
Little Bunting	264
Little Egret	68
Little Forktail	224
Little Grebe	31
Little Ringed Plover	71
Long-billed Plover	70

Long-tailed Minivet	124
Long-tailed Shrike	135

M

Mallard	29
Mandarin Duck	24
Masked Laughingthrush	202
Meadow Bunting	260
Mountain Bulbul	164
Mountain Hawk Eagle	85
Moustached Laugthingthrush	200
Mrs. Gould's Sunbird	242

N

Narcissus Flycatcher	229
Northern Goshawk	90

O

Olive-backed Pipit	248
Orange-flanked Bluetail	223
Oriental Dollarbird	100
Oriental Greenfinch	257
Oriental Honey-Buzzard	83
Oriental Magpie	140
Oriental Magpie-Robin	218
Oriental Scops Owl	80
Oriental Skylark	148
Oriental Turtle Dove	34

P

Pale Martin	156
Pallas's Leaf Warbler	167
Paradise Flycatcher	132
Peregrine Falcon	117
Plain Flowerpecker	240
Plain Prinia	151
Plaintive Cuckoo	47
Plumbeous Water Redstart	234
Pygmy Wren-Babbler	153

R

Red Turtle Dove	35
Red-bellied Green-Pigeon	38
Red-billed Blue Magpie	138
Red-billed Leiothrix	208
Red-billed Starling	212
Red-headed Trogon	96
Red-rumped Swallow	160
Red-tailed Laughingthrush	205
Red-tailed Minla	206
Red-winged Grested Cuckoo	44
Reeves's Pheasant	17
Rosy Minivet	127
Rosy Pipit	249
Ruddy-breasted Crake	55
Rufous-bellied Woodpecker	112
Rufous-capped Babbler	194
Rufous-faced Warbler	178
Russet Sparrow	245

Rusth-capped Fulvetta	195
Rusty Laughingthrush	204

S

Sand Martin	155
Scaly Thrush	214
Short-billed Minivet	123
Siberian Stonechat	238
Silver Pheasant	20
Slaty Bunting	263
Slaty-backed Forktail	225
Southern Rock Bunting	261
Speckled Piculet	108
Spot-breasted Parrotbill	185
Spot-breasted Scimitar Babbler	192
Spotted Dove	36
Streak-breasted Scimitar Babbler	193
Striated Prinia	150
Sulphur-breasted Warbler	176
Swinhoe's Minivet	126
Swinhoe's White-eye	190

T

Taiga Flycatcher	230
Tawny Owl	81
Temmick's Tragopan	16
Tickell's Leaf Warbler	169
Tiger Shrike	133
Tristram's Bunting	266

V

Verditer Flycatcher	222
Vinous-throated Parrotbill	182

W

Wedge-tailed Green Pigeon	37
White Wagtail	254
White-breasted Waterhen	56
White-browed Laughingthrush	201
White-capped Redstart	235
White-cheeked Starling	213
White-collared Yuhina	186
White-crowned Forktail	226
White-rumped Munia	244
White-spectacled Warbler	172

Y

Yellow-bellied Tit	145
Yellow-breasted Bunting	262
Yellow-browed Warbler	166
Yellow-rumped Flycatcher	228
Yellow-streaked Warbler	168

Z

Zitting Cisticola	149

学名索引

A

Abroscopus albogularis	178
Accipiter gentilis	90
Accipiter gularis	88
Accipiter nisus	89
Accipiter soloensis	87
Accipiter trivirgatus	86
Accipitridae	83
ACCIPITRIFORMES	82
Acridotheres cristatellus	211
Acrocephalidae	152
Acrocephalus concinens	152
Actinodura cyanouroptera	207
Actitis macularia	73
Aegithalidae	181
Aegithalos concinnus	181
Aethopyga christinae	243
Aethopyga gouldiae	242
Aix galericulata	24
Alauda gulgula	148
Alaudidae	148
Alcedinidae	101
Alcedo atthis	101
Alcippe davidi	197
Alcippeidae	197
Amaurornis phoenicurus	56
Anas platyrhynchos	29
Anatidae	23
ANSERIFORMES	22
Anthus hodgsoni	248
Anthus roseatus	249
Anthus rubescens	250
Apodidae	41
Apus nipalensis	42
Apus pacificus	41
Ardea alba	67
Ardea cinerea	66
Ardeidae	60
Ardeola bacchus	64
Aythya marila	26
Aythya nyroca	25

B

Bambusicola thoracicus	21
Blythipicus pyrrhotis	109
Bubulcus coromandus	65

BUCEROTIFORMES	97	COLUMBIFORMES	33
Butastur indicus	93	*Copsychus saularis*	218
Buteo japonicus	94	Coraciidae	100
Butorides striata	63	CORACIIFORMES	99
		Corvidae	137

C

		Corvus corone	141
		Corvus macrorhynchos	143
Cacomantis merulinus	47	*Corvus pectoralis*	142
Campephagidae	122	Cuculidae	44
Caprimulgidae	40	CUCULIFORMES	43
CAPRIMULGIFORMES	39	*Cuculus canorus*	51
Caprimulgus indicus	40	*Cuculus micropterus*	50
Carpodacus erythrinus	256	*Cuculus poliocephalus*	53
Cecropis daurica	160	*Cuculus saturatus*	52
Cettia castaneocoronata	180	*Culicicapa ceylonensis*	144
Cettiidae	178	*Cyornis brunneatus*	221
Charadriidae	70		

D

CHARADRIIFORMES	69		
Charadrius alexandrinus	72		
Charadrius dubius	71	*Delichon dasypus*	159
Charadrius placidus	70	*Dendrocitta formosae*	139
Chloris sinica	257	*Dendrocopos hyperythrus*	112
Chrysococcyx maculatus	46	*Dendrocopos major*	113
Chrysolophus pictus	18	*Dendronanthus indicus*	247
Cinclidae	210	Dicaeidae	240
Cinclus pallasii	210	*Dicaeum ignipectus*	241
Circus cyaneus	91	*Dicaeum minullum*	240
Cisticola juncidis	149	Dicruridae	129
Cisticolidae	149	*Dicrurus hottentottus*	131
Clamator coromandus	44	*Dicrurus leucophaeus*	130
Columbidae	34	*Dicrurus macrocercus*	129

E

Egretta garzetta	68
Emberiza cioides	260
Emberiza elegans	262
Emberiza lathami	259
Emberiza pusilla	264
Emberiza siemsseni	263
Emberiza spodocephala	265
Emberiza tristrami	266
Emberiza yunnanensis	261
Emberizidae	259
Enicurus leschenaulti	226
Enicurus schistaceus	225
Enicurus scouleri	224
Estrildidae	244
Eudynamys scolopaceus	45
Eumyias thalassinus	222
Eurystomus orientalis	100

F

Falco peregrinus	117
Falco subbuteo	116
Falco tinnunculus	115
Falconidae	115
FALCONIFORMES	114
Ficedula albicilla	230
Ficedula narcissina	229
Ficedula zanthopygia	228
Fringilla montifringilla	255
Fringillidae	255
Fulica atra	58

G

GALLIFORMES	15
Gallinula chloropus	57
Garrulax canorus	198
Garrulax maesi	199
Garrulus glandarius	137
Glaucidium brodiei	77
Glaucidium cuculoides	78
GRUIFORMES	54

H

Halcyon pileata	103
Harpactes erythrocephalus	96
Hemixos castanonotus	165
Heterophasia desgodinsi	209
Hierococcyx sparverioides	49
Hirundinidae	155
Hirundo rustica	157
Horornis fortipes	179

I

Ianthocincla cineraceus	200
Ixobrychus cinnamomeus	60
Ixobrychus flavicollis	61
Ixos mcclellandii	164

J

Jynx torquilla	107

L

Lalage melaschistos	128
Laniidae	133
Lanius cristatus	134
Lanius schach	135
Lanius tephronotus	136
Lanius tigrinus	133
Laridae	75
larus ridibundus	75
Leiothrichidae	198
Leiothrix lutea	208
Locustella luteoventris	154
Locustellidae	154
Lonchura striata	244
Lophura nycthemera	20

M

Mareca penelope	28
Mareca strepera	27
Megaceryle lugubris	102
Megalaimidae	105
Mergus merganser	23
Milvus migrans	92
Minla ignotincta	206
Monarchidae	132
Monticola rufiventris	237
Monticola solitarius	236
Motacilla alba	254
Motacilla cinerea	252
Motacilla citreola	253
Motacilla tschutschensis	251
Motacillidae	247
Muscicapa dauurica	220
Muscicapa sibirica	219
Muscicapidae	218
Myophonus caeruleus	227

N

Nectariniidae	242
Nisaetus nipalensis	85
Nycticorax nycticorax	62

O

Oriolidae	119
Oriolus chinensis	119
Otus lettia	79
Otus sunia	80

P

Paradoxornis guttaticollis	185
Parayuhina diademata	186
Pardaliparus venustulus	145
Paridae	145
Parus minor	146

Parus monticolus	147	*Phylloscopus subaffinis*	171
Passer cinnamomeus	245	*Phylloscopus tephrocephalus*	173
Passer montanus	246	*Pica serica*	140
Passeridae	245	Picidae	107
PASSERIFORMES	118	PICIFORMES	104
PELECANIFORMES	59	*Picoides canicapillus*	111
Pellorneidae	195	*Picumnus innominatus*	108
Pericrocotus brevirostris	123	*Picus canus*	110
Pericrocotus cantonensis	126	*Pnoepyga pusilla*	153
Pericrocotus divaricatus	125	Pnoepygidae	153
Pericrocotus ethologus	124	*Podiceps nigricollis*	32
Pericrocotus roseus	127	Podicipedidae	31
Pericrocotus solaris	122	PODICIPEDIFORMES	30
Pernis ptilorhynchus	83	*Pomatorhinus erythrocnemis*	192
Phasianidae	16	*Pomatorhinus ruficollis*	193
Phasianus colchicus	19	*Praradoxor nis webbianus*	182
Phoenicurus auroreus	232	*Prinia inornata*	151
Phoenicurus frontalis	233	*Prinia striata*	150
Phoenicurus fuliginosus	234	*Psilopogon faber*	106
Phoenicurus leucocephalus	235	*Psilopogon virens*	105
Phoenicurus ochruros	231	*Psittiparus gularis*	184
Phylloscopidae	166	*Pterorhinus berthemyi*	204
Phylloscopus affinis	169	*Pterorhinus lanceolatus*	203
Phylloscopus armandii	168	*Pterorhinus perspicillatus*	202
Phylloscopus borealis	174	*Pterorhinus sannio*	201
Phylloscopus castaniceps	175	*Pteruthius aeralatus*	120
Phylloscopus claudiae	177	*Pteruthius xanthochlorus*	121
Phylloscopus fuscatus	170	*Ptyonoprogne rupestris*	158
Phylloscopus inornatus	166	Pycnonotidae	161
Phylloscopus intermedius	172	*Pycnonotus sinensis*	163
Phylloscopus proregulus	167	*Pycnonotus xanthorrhous*	162
Phylloscopus ricketti	176		

R

Rallidae	55
Riparia diluta	156
Riparia riparia	155

S

Saxicola ferreus	239
Saxicola maurus	238
Schoeniparus brunneus	196
Schoeniparus dubius	195
Scolopacidae	73
Sinosuthora alphonsiana	183
Spilopelia chinensis	36
Spilornis cheela	84
Spinus spinus	258
Spizixos semitorques	161
Spodiopsar cineraceus	213
Spodiopsar sericeus	212
Stachgris ruficeps	194
Staphida torqueola	187
Stenostiridae	144
Streptopelia orientalis	34
Streptopelia tranquebarica	35
Strigidae	77
STRIGIFORMES	76
Strix nivicolum	81
Sturnidae	211
Surniculus lugubris	48
Sylviidae	182
Syrmaticus reevesii	17

T

Tachybaptus ruficollis	31
Tarsiger cyanurus	223
Terpsiphone incei	132
Timaliidae	192
Tragopan temminckii	16
Treron sieboldii	38
Treron sphenurus	37
Tringa ochropus	74
Trochalopteron milnei	205
Trogonidae	96
TROGONIFORMES	95
Turdidae	214
Turdus eunomus	216
Turdus mandarinus	215
Turdus mupinensis	217

U

Upupa epops	98
Upupidae	98
Urocissa erythrorhyncha	138

V

Vireonidae	120

Y

Yuhina nigrimenta	188

Z

Zapornia fusca	55
Zoothera aurea	214
Zosteropidae	186
Zosterops erythropleurus	189
Zosterops palpebrosus	191
Zosterops simplex	190